KB265062

지리로
통하는
세계

저자 박동한

경북 영동고등학교에서 지리를 가르치고 있다. 세계 44개국을 여행하고 쓴 『선생님, 또 어디 가요?』덕분에 전국 곳곳에 강의를 다니며 여러 사람들을 만나는 행운을 얻은 건 덤, 『알면 똑똑해지리』, 『어린이를 위한 불편한 세계 지리』를 통해 어린이들과도 함께할 수 있는 행복은 덤에 덤이다. 고등학생들을 위한 교과서 『세계시민과 지리(천재교과서)』도 집필했다. 지리는 학문 이전에 우리가 살고 있는 세상과 삶 그 자체라는 신념을 가지고 즐겁게 배우고 가르치는 것을 최우선 목표로 하고 있다.

지리를 알면
세계가 보인다

지리로
통하는
세계

박동한 지음

사람in
saram
in.com

머리말

　이 책은 이서의 평범한 일상이 지리와 얼마나 연관이 되어 있는지로 시작합니다. 이 책을 읽고 '나의 하루에 지리가 이렇게 많은 영향을 끼친다니!' 하고 놀랄 수도 있죠. 지리는 땅 위의 모든 일을 연구하고 배우는 학문입니다. 그래서 지리를 공부하면 오늘의 날씨, 우리 주변의 산과 강 그리고 바다, 종교, 도시, 교통, 인구 등을 모두 배울 수 있습니다.

　지리는 크게 자연 지리와 인문 지리로 나눌 수 있습니다. 자연 지리는 주로 자연환경이 인간의 삶에 어떤 영향을 끼치는지를 배우는 영역으로 고등 교육과정의 〈통합사회 I〉에서 '자연환경과 인간'이라는 단원을 통해 학습하죠. 이 단원에서는 기후와 인간 생활, 지형과 인간 생활, 그리고 다양한 환경 문제를 주로 배웁니다. 인문 지리는 우리 주변의 다양한 인문 현상을 지리적으로 해석하는 영역으로 〈통합사회 II〉에서 '미래와 지속 가능한 삶' 단원을 통해 학습합니다. 이 단원에서는 인구와 에너지 자원, 그리고 세계시민으로서의 삶에 대해 언급하고 있습니다.

2028학년도 대학수학능력시험의 개편으로 인해 모든 학생들은 지리, 일반사회, 윤리 과목을 공부해야 하는 상황이 되었습니다. 기존에 사회탐구 아홉 과목 중 두 개 과목만 선택하면 되던 것이 선택 과목 폐지로 인해 세 과목 모두를 공부해야만 합니다. 누군가에겐 이러한 상황이 부담될 수 있겠지만, 또 누군가에게는 기회가 될 수도 있습니다. 결국 여러분이 어떻게 마음먹느냐에 따라 달라질 수 있다고 생각합니다. 내가 선택한 과목을 깊이 있게 공부하는 것보다 여러 과목을 재미있고 알차게 공부하는 것이 좋다는 마음으로 미리미리 대학수학능력시험을 준비한다면 분명히 여러분에게는 좋은 기회가 될 것입니다.

2025년 4월 15일 한국교육과정평가원에서 발표한 2028학년도 대학수학능력시험 예시 문항을 살펴보면, 교과서 학습만으로는 풀어내기 어려운 문항들이 출제되어 있습니다. 〈통합사회〉 교과서 내용을 바탕으로 고등학교에서 배우는 일반선택 과목인 〈세계시민과 지리〉를 어느 정도 학습해야 풀 수 있는 문제들입니다. 따라서 〈통합사회〉 단일 과목 공부만으로 대학수학능력시험을 준비하기에는 다소 어려움이 있어 보입니다. 게다가 자신의 전공에 따라 〈세계시민과 지리〉 과목을 선택하지 않는 학생들도 있을 테고요. 하지만 이 책을 읽어 둔다면, 설령 과목을 듣지 않는다 해도 크게 문제가 없을 것입니다. 왜냐고요?

새롭게 개편되는, 여러분이 치르게 될 대학수학능력시험은 고등학교 1학년 때 배운 〈통합사회Ⅰ〉, 〈통합사회Ⅱ〉로 평가합니다. 1학년 때 배운 과목을 3학년 때가 되어서 시험을 친다는 것이 여러분에겐 부담스러운 일이긴 하지만, 일찍부터 시험을 위한 준비보다는 본인의 지식과 교양을 함양하기 위해 공부하는 것으로 접근한다면 이는 결코 부담스러운 일도, 어려운 일도 아닐 것입니다. 그래서 이 책은 고등학교 1학년에서 배우는 통합사회 과목의 지리 전 영역을 다루면서 고등학교 2학년 때 선택해서 듣는 〈세계시민과 지리〉 과목의 일부 내용도 함께 다루었습니다. 결론적으로는 이 책 한 권만 잘 읽어도 고등학교에서 배우는 지리 과목과 시험을 치게 되는 통합사회의 지리 영역을 미리 익힐 수 있습니다.

이 책으로 학습한다는 생각보다는 우리 주변이 지리와 얼마나 연관되어 있는지, 나의 어제와 오늘 그리고 미래가 지리와 어떤 관계를 맺고 있는지를 살피면서 재미있게 읽기 바랍니다. 그렇게 지리에 조금씩 관심을 갖는다면 고등학교에 가서 훨씬 더 즐거운 마음으로 공부할 수 있을 겁니다.

이 책을 읽는 모든 청소년 여러분의 오늘과 내일을 응원합니다.

박동한

차례

머리말 • 04

1장

우리의 일상은 온통 지리로 가득 차 있어요

여러분의 하루에 지리는 얼마나 영향을 끼칠까요?

지리란? • 15

우리의 운명은 태어난 곳이 어디인지에서 이미 결정되었어요

지리와 위치 • 22

하루 24시간을 가장 먼저 시작하는 나라는 어디일까요?

세계 지역 구분 • 28

봄·여름·가을·겨울 중 어느 계절이 가장 좋은지

선택할 수 없는 나라도 있어요

지리와 계절 • 36

우리나라보다 영국이 훨씬 커 보이는 건

지도가 우리를 속이고 있기 때문이에요

지도 • 43

2장

모자이크 세상, 자연과 인간이 함께 만들어 가는 세상

쾨펜은 어떤 직업을 가졌길래 세계의 기후를 구분했을까요?

세계 기후 구분 • 53

타잔은 왜 걸어 다니지 않고 나무줄기를 타고 다니는 걸까요?

열대 기후 • 60

유럽 사람들은 왜 쌀밥 대신 빵을 선택했을까요?

서안 해양성 기후 • 67

세차를 하거나 잔디에 물을 주면 벌금을 내야 하는 나라가 있어요

지중해성 기후 • 74

따뜻한 봄이 오면 꽃이 필까 설레기보다 집이 무너질까 봐 걱정이에요

냉대 기후 • 80

무더운 사막에서 전기장판을 팔았더니 대박이 났어요

건조 기후 • 86

전 세계 인구의 절반 이상이 아시아에 있는 건 날씨 때문이에요

온대 기후 • 94

강물이 흘러 바다로 가면서 그 흔적들을 곳곳에 남겨 두었어요

하천 지형 • 100

파도는 어떻게 세계적으로 아름다운 조각품을 만들어 놓았을까요?

해안 지형 • 107

똑같은 동굴이지만 모양이 완전히 다른 이유는 무엇일까요?

화산·카르스트 지형 • 114

자연이 우리 삶을 결정할까요? 우리가 자연을 활용할까요?

환경 결정론, 환경 가능론 • 121

꿀벌이 사라지면 인간도 사라질 수 있어요

자연과 인간의 공존 • 127

지구가 아프다는 신호가 세계 곳곳에서 나타나고 있어요

자연재해, 환경 문제 • 134

3장

네트워크 세상, 모든 것이 연결된 지구 속 세계시민

왜 도시는 건물이 높고, 시골은 건물이 낮을까요?

도시화 • 143

그 많던 도심의 쇼핑몰은 어쩌다 문을 닫고 빈 건물만 남았을까요?

교통·통신의 발달 • 150

시외버스를 타듯 쉽게 국외 버스를 탈 수 있는 날이 다가오고 있어요

세계화 • 157

한 나라의 수도는 정해져 있는데, 지구의 수도는 어디일까요?

세계 도시 • 164

M사의 햄버거, C사의 탄산음료가 없는 곳이 세상에 존재할까요?

다국적 기업 • 170

왜 우리는 아침마다 뉴스에서 싸우는 이야기를 들어야 할까요?

국제사회 갈등 • 176

인구가 두 배로 늘어나는 데 127년이 걸렸지만,

이제는 48년이면 가능해요

인구 성장 • 183

드넓은 지구 속에 사람들은 왜 특정한 곳에만 모여 있고, 모일까요?

인구 분포 • 189

사람이 많이 태어나는 게 문제일까요,

적게 태어나는 게 문제일까요?

인구 문제 • 196

50년 전 석유는 지금처럼 인간의 삶에 꼭 필요한 존재였을까요?

자원 • 203

교실의 온도가 내려가는 만큼, 바깥의 온도는 올라간답니다

화석 에너지 문제 • 210

이제는 세계시민으로 사는 삶을 준비해야 하는 시간이에요

세계시민 • 217

1장
우리의 일상은 온통
지리로 가득 차 있어요

여러분의 하루에 지리는 얼마나 영향을 끼칠까요?

○ 지리란?

역사는 지금까지의 인류 사회 변화를 알려주는 학문이죠. 경제는 돈이나 물건이 생산, 분배, 소비되는 걸 공부하는 것이고, 윤리는 인간의 올바른 행동과 선한 삶을 밝혀내는 학문이에요. 그렇다면 지리는 무엇을 배우는 것일까요? 여러분 머릿속에 바로 떠오르지 않아도 괜찮아요. 지리는 여러분에게 가장 가까이 있는 학문이기 때문에 말로 표현을 못할 뿐 친숙하게 접할 수 있는 공부예요. 지리는 땅 위에서 일어나는 다양한 현상을 분석하는 것인데, 우리 인류는 땅 위에서 살아가기 때문에 지리와 우리의 삶은 직접적으로 연관될 수밖에 없죠. 그렇다면 오늘 여러분의 하루에 지리가 얼마나 영향을 끼쳤는지 한 번 알아볼까요?

　　이서가 아침에 일어나 학교에 갈 준비를 하고 있는데, TV 뉴스에 기상 캐스터가 나와 오늘 날씨를 알려 줘요. 오늘은 춥지만 고기압의 영향으로 날씨는 맑대요. 또 고기압의 가장자리에 위치해서 바람이 많이 분다고 하네요. 바람에 날려 오는 황사를 조심하라는 말에 이서는 마스크를 챙겨 놓았어요. 집을 나선 이서는 학교로 가는 버스를 타기 위해 버스 정류장에 서 있어요. 학교로 가는 110번 버스가 4분 후에 도착한다는 알람이 떴어요. 이 버스를 탄다면 지각하지 않고 학교에 도착할 수 있겠단 생각이 드네요. 버스를 탔는데 승객들 대부분이 할아버지, 할머니예요. 하긴 이서 아버지 나이가 오십이 넘었지만, 이 동네에서는 젊은이라고 불리는 걸 보면 이서가 사는 지역에는 할아버지, 할머니들이 많아요. 학교에 도착해서 수업을 열심히 듣다 보니 어느새 점심시간이에요. 급식소 화면에 오늘의 메뉴와 각 재료가 어디에서 왔는지 표시되어 있어요. 소고기는 호주에서 왔고, 콩은 중국에서, 치즈는 스위스에서 온 거래요. 급식판 위에 원산지의 국기를 올려 보아도 재미있겠단 생각을 해 봤어요. 오후에는 지진 대피 훈련을 받았어요. 지진이 발생할 땐 건물이 크게 흔들리기 때문에 빠른 시간 내에 운동장으로 대피를 해야 한다고 해요. 우리나라는 지진의 안전지대인 줄 알았는데, 최근에 지진이 일어나는 단층 활동을 시작했다고 수업 시간에 배웠어요. 학교 수업을 마치고 방과 후 스포츠 클럽에 참여했어요. 이서가 참여하는 스포츠 클럽은 테니스 클럽이에요. 오늘은 코치님께서 테니스공 하나가 만들어지려면 여러 나라에서 재료가 들어와야 한다고 말씀을 해 주셨어요. 테니스공의 고무는 인도네시아에서, 공 겉면의 섬유는 호주에서 수입했다고 해요. 스포츠 클럽 수업을 마치고 집에 돌아와서 어머니와 함께 장을 보러 마트에 다녀왔어요. 마트에 가면 이것저것 살 것이 많아 좋지만 차를 타고 멀리 가야 하는 게 늘 불만이에요. 집 앞 편의점에 가면 될 텐데 어머니는 마트가 좋으신가 봐요. 저녁엔 쏟아지는 잠과의 전쟁을 치르며 우리나라 축구 선수가 뛰는 영국 프리미어리그 경기를 봐요. 우린 겨울에 축구를 못 하는데, 영국에서는 겨울에 경기를 하네요. 졸린 눈을 비비며 축구를 보는 게 엄청 힘들어요. 우리나라는 한밤중인데 영국은 아직 해가 훤히 떠 있는 걸 보니 우리랑 시간도 다른가 봐요.

어떤가요? 여러분이 보낸 하루와 크게 차이 없죠? 이렇게 평범한 하루를 보낸 이서의 일상에서 지리는 어디에 숨어 있는 걸까요? 우선 지리는 우리가 사는 지역의 날씨에 대해 알려 줘요. 그때그때 돌변하는 하늘의 상태를 '기상'이라고 하는데, 지리는 여러분에게 기상보단 아주 긴 시간 동안 축적되어 온 하늘의 상태, 즉 '기후'에 관해 가르쳐 주죠. 우리나라의 여름은 덥고 습하지만 겨울은 춥고 건조해요. 그래서 여름에는 반팔을 입고 겨울에는 두꺼운 옷을 입는 걸 당연하게 받아들이죠. 이렇게 한 지역의 예측 가능한 하늘의 상태를 가르쳐 주는 것이 바로 기후예요.

기상	기후
일시적인 대기의 상태 예 오늘 하루의 날씨	평균적인 대기의 상태 예 여름철 평균 기온, 강수

버스를 기다리는 이서가 110번 버스가 언제 도착하는지 정보를 얻는 장면은 바로 지리 정보 중 몇 가지를 얻는 장면이에요. 지리 정보는 크게 공간 정보[1], 속성 정보[2], 관계 정보[3]로 나뉘는 데 110번 버스가 어디에 있는지, 이서가 있는 버스 정류장에 도착하는 데 얼마나 시간이 걸리는지 알려 주는 것이

---

1) '무엇이 어디에 있다'라는 것을 알려 주는 정보.
2) 장소나 지리 현상의 자연적 특성 및 사회적, 경제적 특성을 나타내는 정보.
3) 다른 장소나 지역과의 상호 작용 및 관계를 나타내는 정보.

바로 공간 정보이죠. 또 110번 버스가 정류장을 출발해 이서가 다니는 학교까지 간다는 것을 알려 주는 건 속성 정보예요.

학교에 가는 버스에 올라탄 이서의 눈앞에 할아버지, 할머니들이 많다고 했었죠? 만 65세 이상 인구의 비율이 20%가 넘으면 '고령 사회'라고 부르는데, 승객 대부분이 할아버지, 할머니에다가 나이가 50이 넘은 이서 아버지가 젊은이라고 하니 이곳은 노인 인구 비율이 매우 높은 지역일 수도 있겠네요. 급식소 메뉴의 원산지나 스포츠 클럽에서 사용하는 테니스공이 세계 여러 곳에서 온 재료로 만들어졌다는 건 그 지역이 제품을 생산하기에 가장 좋은 환경을 지녔기 때문일 거예요. 우리나라에서 망고가 자라기 어려운 것처럼, 영국에서는 쌀이 거의 생산되지 않죠. 어디에서 무엇이 왔는가를 생각해 보면, 그곳의 자연환경이 어떨지 예측할 수 있어요. 세계 곳곳의 자연환경과 인문환경에 따라 다양한 제품이 생산되고, 이 제품들은 바다 건너 전 세계 사람들의 식탁과 손에 쥐어져요.

영국에서 활동 중인 우리나라 선수가 겨울에도 축구를 하는 이유는 그곳의 겨울이 우리의 겨울과 사뭇 다르기 때문일 거예요. 분명히 잔디가 자랄 수 있을 만큼 따뜻하고 필요한 만큼의 비가 오기 때문이겠죠. 또 한밤중에 경기가 끝난다고 하는 걸 보니 우리와 시간도 다른 것 같아요. 우리나라는 영국보다 9시간 빠른데, 그 이유는 세계 표준시가 영국을 기준으로 정해져 있고, 한국이 그 기준선보다 동쪽으로 9시간 떨어져 있기 때문이에요. 이런 것을 알려 주는 것이 관계 정보예요.

이서가 보낸 하루의 대부분이 지리와 연관되어 있어요. 사실 이런 것들을 모르고 아무렇지 않게 지나치는 경우도 많은데, 그 이유는 그만큼 우리 삶과 지리가 매우 밀접하게 연관되어 있어 매번 정확히 인지하고 넘어가진 않는다는 뜻이겠죠? 지리를 통해 우리나라뿐만 아니라 세계의 기후와 지형을 배우고 그런 환경 속에서 사람들이 어떻게 살아가는지 배울 수 있어요. 지리를 배운다면 세계 어딜 가나 여러분은 적응하며 살아갈 수 있을 거예요. 또 어디에 어떤 사람이 살고, 사람들이 왜 이동하는지에 대해서 알 수 있죠. 이 과정에서 사람들이 너무 많이 모여서 문제가 되기도 하고 사람들이 너무 많이 떠나서 문제가 되기도 하는데, 이런 문제와 해결책에 대해서도 배울 수 있어요. 뉴욕, 런던, 파리, 도쿄 등 말로만 듣던 도시들이 어떻게 생겼는지 도시 구조에 대해서도 파악할 수 있고, 그 도시에서 사람들이 어떻게 살아가는지에 대해서도 살펴볼 수 있죠. 농산물뿐만 아니라 자원이 어디에서 얼마나 생산되고 어디로 이동하는지에 대해서도 배울 텐데, 반대로 그 지역의 자연환경을 알게 되면 어떤 것이 많이 생산되는지 알 수 있겠죠? 이를 통해 우리가 먹는 것, 입는 것, 쓰는 것들이 왜 그곳에서 왔는지 알 수 있을 거예요.

또 지리에서는 세계 곳곳에서 발생하는 환경 문제와 분쟁에 대해서도 다룰 텐데, 당장 우리의 삶과 크게 상관은 없어 보이더라도 세계시민으로 성장해야 할 여러분이라면 당연히 알아야 해요. 여러분의 삶의 무대가 이제는 전 세계가 될 테니까요.

이렇게 지리는 우리가 살고 있는 곳의 여러 가지 현상을 분석하고 문제를 해결하려고 하죠. 그래서 지리를 알면 세상을 안다고 말하는 거예요. 그러니 지리를 많이 알수록 세상을 더 많이 안다는 것이겠죠. 오늘 여러분이 보낸 하루에 지리가 얼마나 많은 영향을 끼쳤는지 한 번 떠올려 보면서, 내일 하루를 더 나은 하루로 만들기 위해 지리를 하나하나 더 배워 볼까요?

우리의 운명은 태어난 곳이 어디인지에서
이미 결정되었어요

● 지리와 위치

여러분은 운명을 믿나요? 무조건 만나야 할 사람을 언젠가는 만날 수 있다거나, 앞으로 나에게 일어날 일은 이미 정해져 있다는 것과 같은 일이요. 누군가는 믿을 수도 있지만 또 누군가는 믿지 않을 수도 있어요. 다만 많은 사람들이 자신의 미래를 조금 일찍 알고 싶어 하는 것은 분명하겠죠. 개인 한 명 한 명의 내일을 알기는 쉽지 않아요. 하지만 우리나라가 앞으로 어떻게 될 것이라는 예측은 지리를 공부하면 충분히 알 수 있죠. 그리고 과거에 우리 조상들이 살아온 삶의 모습도 지리를 공부하면 이해가 될 거예요. 어쩌면 우리나라의 운명은 우리

22

나라가 어디에 있는지에 따라 이미 결정되었을지도 모르니까
요.

　우리는 위치를 크게 세 가지 방법으로 설명해요. 첫 번째는
수리적 위치인데, 이는 숫자로 위치를 표현하는 방법이에요.
교실에 앉아 있는 여러분이 앞에서 몇 번째 줄, 옆에서 몇 번째
줄에 앉아 있다고 표현하는 것이 바로 수리적 위치이죠. 우리
나라는 지구를 가로로 절반으로 나누었을 때 그중 북쪽에 자
리 잡고 있어요. 우리는 이를 '북
반구'라고 부르고, 반대를 '남반
구'라고 불러요. 북반구와 남반
구를 가르는 정가운데 지점을
'적도'라고 하는데, 적도를 중
심으로 북극과 남극까지 임의로
가로로 선을 그은 것을 '위도'라

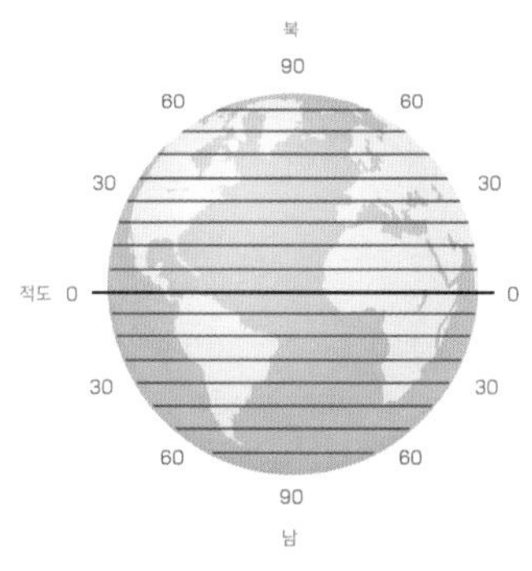

고 합니다. 적도의 위도는 0°이고 북극과 남극의 위도는 90°예
요. 우리나라는 북반구 33°에서 44° 사이에 위치해 있어요. 최
남단에는 마라도가, 최북단에는 북한의 온성이 자리 잡은 곳
이죠. 가로로 선을 그었다면 이번에는 세로로 선을 그어 볼게
요. 영국 런던을 중심으로 동쪽으로 180°, 서쪽으로 180°를 임
의로 그은 선을 우리는 '경도'라고 부릅니다. 우리나라는 영국
런던을 중심으로 동쪽에 있어 동경 124°에서 132° 사이에 위치

해 있는 거예요. 우리나라의 가장 서쪽은 마안도, 동쪽은 잘 알고 있듯이 독도가 자리 잡고 있어요. 이렇게 위치를 설명하는 방법이 바로 수리적 위치입니다.

그다음 위치를 설명하는 방법으로는 지리적 위치가 있어요. 지리적 위치는 여러분이 교실에 앉아 있을 때 칠판 앞에 앉아 있다거나 교탁 바로 앞쪽 또는 복도 쪽에 앉아 있다고 설명하는 방법이에요. 즉, 주변의 큰 지형들을 중심으로 위치를 설명하는 방식이죠. 우리나라는 유럽과 아시아 큰 덩어리 대륙의 동쪽에 자리 잡고 있어요. 이를 구체적으로 설명하면 우리나라는 유라시아 대륙의 동쪽에 위치해 있다고 설명할 수 있죠. 또 우리나라의 동쪽에는 세계에서 가장 넓은 태평양 바다가 있어요. 그래서 태평양을 중심으로 우리나라의 위치를 설명할 땐 태평양의 서쪽에 자리 잡고 있다고 표현할 수 있어요. 숫자가 아닌 주변의 큰 지형을 중심으로 위치를 설명하는 방

식을 지리적 위치라고 하죠. 앞에서 언급한 수리적 위치와 지리적 위치는 시간이 아무리 지나도 바뀌지 않아요. 우리나라가 갑자기 아프리카 대륙으로 간다거나, 대서양의 동쪽으로 갈 일은 없으니까요. 그래서 이 경우처럼 위치가 바뀌지 않는 것을 절대적 위치라고 불러요. 그렇다면 바뀌는 위치도 있다는 뜻이겠죠? 절대적 위치의 반대는 상대적 위치인데, 이는 시대가 변함에 따라 위치를 설명하는 방식이 달라진다는 뜻이에요. 다시 한번 여러분의 자리를 설명해 볼게요. 여러분이 앉은 옆자리에 심폐 소생술로 사람을 구해 9시 뉴스에 나온 친구가 앉아 있어요. 여러분이 그 친구 오른쪽에 앉아 있다고 설명하면 다들 여러분의 위치를 이해할 수 있을 거예요. 한 달 뒤 여러분 뒷자리에 앉아 있는 친구가 길에서 큰돈을 주웠는데 그걸 경찰에 가져다줬고, 결국 주인이 돈을 찾을 수 있게 되었죠. 그 공을 인정받아 친구가 표창장을 받았어요. 그땐 표창을 받은 친구 바로 앞에 앉아 있다고 하면 사람들은 또다시 여러분의 위치를 정확하게 이해할 수 있게 되죠. 우리는 이를 관계적 위치라고 부르는데, 상황과 시간에 따라 다양한 방법으로 위치를 설명할 수 있어 상대적 위치라고도 말해요. 만약 여러분이 유명해진다면 누군가는 여러분을 중심으로 자신의 위치를 설명할 수 있을 거예요.

앞에서 언급한 절대적 위치는 앞으로도 변할 가능성이 크지 않은 위치예요. 그래서 그 위치가 어디에 있느냐에 따라 국가와 지역의 운명이 결정될 수도, 운명을 바꿀 수도 있죠. 우리나라는 과거부터 외세의 침략을 많이 받았어요. 특히 1900년대에 약 40년간 일본의 식민 지배를 받기도 했죠. 그렇다면 일본은 왜 우리나라를 침략했을까요? 바로 우리나라의 위치가 너무나 매력적이었기 때문이에요. 우리가 사는 한반도는 세계에서 가장 큰 바다와 세계에서 가장 큰 대륙 사이에 있어요. 바다로 진출하려는 세력의 입장에서도, 대륙으로 진출하려는 세력에게도 한반도는 그 시작이거나 끝에 자리 잡고 있었죠. 어쨌든 한반도를 거쳐야 육지나 바다로 진출할 수 있었던 셈이에요. 즉, 우리는 필연적으로 외세의 침략을 받을 수밖에 없는 운명을 지닌 채 살아왔어요. 지금도 여전히 한반도는 다양한 나라의 관심과 경계를 받고 있답니다. 하지만 우리나라는 과거에 비해 많은 힘을 가지게 되었어요. 전 세계에서 높은 수준의 경제력을 가진 나라가 되었고, 누구도 침략하기 쉽지 않은 강력한 군사력도 보유하고 있죠. 더 이상 외세가 우리나라를 쉽게 침략하거나 우리 것을 빼앗아 갈 수 없을 만큼 성장했답니다. 늘 주변의 괴롭힘을 당하고 살아야만 했던 우리의 운명도 막을 내리고 이제는 우리가 세계를 이끌어 나갈 운명을 쟁취하기 직전의 상황이 된 거예요. 바로 대륙과 대양을 연결하는 중요한 고리가 되기 직전이죠. 미국에서 태평양을 건너온 배가 우리나라에 물건을 내리고 그 물건이 기차를 타고 영국으로 갈 수도 있고, 프랑스에서 아시아 대륙을 횡단해서 건너온 물건이 우리나라에서 배를 타고 캐나다로 갈 수 있는 위치에 있다는 뜻이에요. 다시 말해, 세계에서 가장 강력한 경제력을 가진 유럽과 아메리카를 연결하는 중심에 우리나라가 자리 잡고 있다는 뜻입니다.

과거 외세의 침략을 받을 때만 하더라도 암울하고 힘든 것이 우리 운명이었다면, 이제 우리는 당당히 세상의 중심에서 큰소리를 칠 수 있게 되었어요. 우리의 운명이 과거와 180° 바뀌는 그 순간은 진정 우리가 대륙으로, 대양으로 연결할 수 있는 통일된 대한민국일 겁니다. 더 이상 휴전선에 가로막혀 대륙으로 이어질 수도 없고 대양으로 뻗어 나갈 수도 없는 것이 아닌 그 시대에 우리 한반도의 운명은 완전히 뒤바뀔 수 있을 거예요.

하루 24시간을 가장 먼저
시작하는 나라는 어디일까요?

● 세계 지역 구분

전 세계에서 모든 사람에게 똑같이 주어지는 것 단 하나. 바로 하루 24시간, 1년 365일입니다. 아무리 돈이 많은 사람도, 최고의 권력을 쥔 사람도 시간을 더 많이 가지지는 못해요. 성공한 사람들이 하나같이 자신의 강점은 하루 24시간을 잘 사용한다는 이야기만 들어 보아도 우리에게 시간이 얼마나 중요한지 알 수 있어요. 괜히 '시간이 금이다.'라는 속담이 나온 건 아니겠죠. 그렇다면 하루 24시간이 전 세계 모든 사람들에게 똑같이 주어진다면 누가 가장 빠르게 하루를 시작할까요? 영국 런던에 사는 데이비드, 미국에 사는 제시카, 아랍 에미리트에 사는 무함마드 그리고 대한민국에 사는 김지리 네 명 중 누구의 하루가 가장 빠를까요?

시간의 개념을 이해하기 위해서는 우선 지구 위에 그어져 있는 선 하나를 이해해야 합니다. 다만 이 선은 우리 눈에 보이지 않고 실제로 존재하지 않는, 임의로 그어 놓은 선이죠. 그렇다면 이 선을 왜 그어 놓았을까요? 바로 세계의 위치와 시간을 구분하기 위해서랍니다. 우리는 이 선을 '경선' 또는 '경도'라고 부르는데 지구에는 이 경선이 총 360개 존재합니다. 경선 360개에 하루 24시간을 나누어 보면 경선 열다섯 개를 지날 때마다 한 시간씩 지나간다는 걸 알 수 있어요. 지구의 둘레가 360°이기 때문에 이를 다시 24시간으로 나누어 보면 15°라는 답을 얻을 수 있듯이요. 즉, 15°마다 1시간씩 차이가 납니다. 우리나라 시각의 표준이 되는 곳이 동경 135°이고, 중국 시각의 표준이 되는 곳은 동경 120°입니다. 이렇게 우리나라와 중국의 표준 경선[4]이 15° 떨어져 있기 때문에 한 시간의 시간 차이가 있다는 것도 이를 통해 알 수 있습니다. 다만 우리나라가 시간이 빠른지, 중국이 시간이 빠른지에 대해 해답을 얻기 위해서는 경선이 가지는 의미를 조금 더 깊이 있게 들여다보아야 해요.

---

4) 영국을 지나는 경도 0°를 기준으로, 15°의 배수에 해당하는 지역을 지나가는 경선.

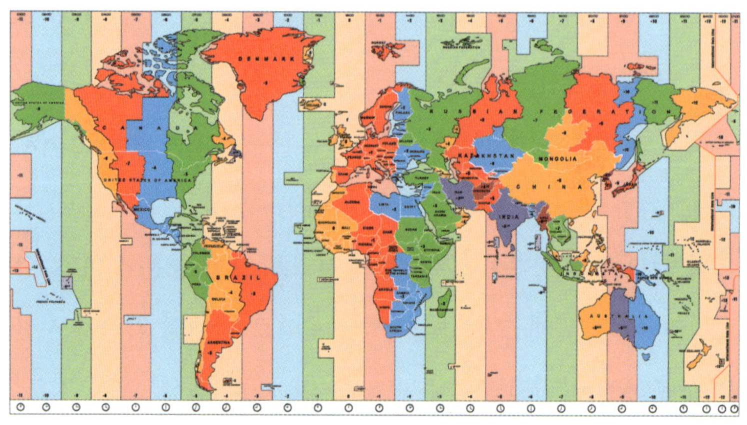

　지구에 임의로 그어 놓은 선인 경선과 마찬가지로 지구에 가로로 그어 놓은 임의의 선도 있는데, 우리는 이를 '위선' 또는 '위도'라고 하죠. 위도 0°는 지구의 가로 정가운데를 그으면 바로 찾을 수 있지만 세로로 정가운데를 긋기에는 그 기준을 어디에 둘지 헷갈립니다. 우리나라를 지나도록 그어야 하는지, 미국 뉴욕을 지나도록 그어야 하는지 아니면 남아프리카 공화국 케이프타운을 지나도록 그어야 하는지 답을 내릴 수가 없죠. 중심이 되는 기준이 있어야 거기서부터 경도 1°를 시작할 수 있으니까요. 바로 이 기준에 대한 결정은 15세기가 되어서야 논의가 시작되었습니다. 15세기 유럽 사람들은 본격적으로 배를 타고 항해를 시작했어요. 세계 곳곳을 돌아다니며 탐험을 하는 사람들도 있었고, 외국에 있는 물건을 가져와 팔거나 사용하는 나라들도 있었죠. 항해를 하는 사람들이 배를 타고 이동할 때 나라마다 기준이 되는 낮과 밤이 달라서 자신들이 타고 온 배의 정확한 위치를 파악하기 힘들었어요. 심지어 몇 시간을 타고 이동했는지도 헷갈리게 되었던 거죠. 그래서 영국, 프랑스, 미국 등 25개 나라 대표가 1884년 10월 미국의 수도인 워싱턴 D.C.에서 모여 국제 자오선 회의를 열게 됩니다. 이 자리에서 각 국가의 대표들은 세계 시간의 기준이 되는 '본초 자오선'을 선정하게 되죠. 본초 자오선의 본초本初는 맨 처음을 뜻하는 한자어이고, 자오선子午線은 밤 12시를 뜻하는 자정과 낮 12시를 뜻하는 정오의 선을 합한 의미라고 이해하면 됩니다. 낮과 밤의 맨 처음 기준이 되는 선, 즉 세계 시간의 기준이 되는 선이 본초 자오선이에요. 25개국 대표들의 투표 결과 무려 22표를 얻은 영국이 세계 시간의 중심으로 정해지게 되었고, 영국은 이 시간을 얻게 된 데 가장 큰 노력을 한 영국 천문대에 그 영광을 돌리기 위해 세계 시간의 중심을 영국 런던에 있는 그리니치 천문대로 결정했습니다.

이제 영국이 세계 시

간의 중심이 되었으니 다른 나라들의 시간이 어떻게 결정되었는지 알아볼까요? 그리니치 천문대의 본초 자오선을 기준으로 태양의 움직임을 계산한 시간을 '세계시'라고 부릅니다. 즉, 지구상 경도의 차이에 따라 시간이 달라지는데 경도의 기준이 되는 본초 자오선이 바로 세계시의 기준이 된다는 뜻이에요. 본초 자오선이 지나는 영국을 기준으로 동쪽에 있는 나라는 영국보다 시간이 빠르고, 서쪽에 있는 나라는 시간이 느립니다. 영국을 중심으로 동쪽으로 180° 떨어진 곳까지가 영국보다 시간이 빠르고 서쪽으로 180° 떨어진 곳까지가 영국보다 시간이 느려요. 이렇게 동쪽으로 180°, 서쪽으로 180°가 만나는 지점을 '날짜 변경선'이라고 하는데 날짜 변경선은 지구상의 날짜를 구분하기 위해 편의상 만들어 놓은 임의의 선이랍니다. 그래서 날짜 변경선을 기준으로 서쪽에 있는 나라부터 하루가 먼저 시작돼요. 우리나라는 영국으로부터는 135° 떨어져 있지만, 본초 자오선으로부터는 서쪽으로 45°밖에 떨어져 있지 않아 세계적으로 보았을 땐 제법 빠르게 하루를 시작하는 나라입니다.

앞에서 중국과 우리나라가 단 한 시간 차이가 난다고 했는데, 우리나라는 날짜 변경선에서 45° 떨어져 있지만 중국은 60°가 떨어져 있어 우리나라가 중국보다 한 시간 더 빠르다는 걸 알 수 있죠. 전 세계적으로 보았을 땐 사모아가 세계에서 가장 빠르게 하루를 시작하는 나라예요. 사모아는 1995년까지 세계에서 가장 늦게 해가 뜨는 나라였지만 날짜 변경선이 1995년 동쪽으로 옮겨지면서 세계에서 해가 가장 빨리 뜨는 나라가 되었어요. 동쪽으로 옮기게 된 이유는 날짜 변경선이 육지를 지날 경우 한 나라 안에서 날짜 변경선의 서쪽은 1월 1일이지만 날짜 변경선 동쪽은 12월 31일이 되는 상황이 벌어지기 때문이에요. 이런 혼란을 방지하고자 섬과 육지를 피해 바다로만 선을 긋게 되면서 날짜 변경선은 삐뚤삐뚤한 모양을 가지게 되었답니다.

우리나라는 동서로 영토가 넓지 않아서 시간대를 하나만 사용하지만 러시아는 무려 11개의 시간대를 사용하고 있어요.

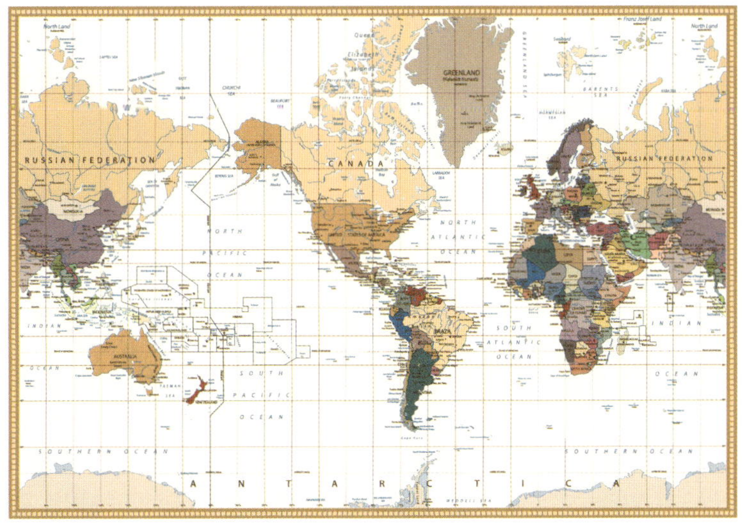

▲ 러시아의 시간대

러시아 가장 동쪽 캄차카 반도에 사는 아르샤빈이 학교에서 점심을 먹는 오후 1시에 러시아 가장 서쪽에 있는 칼리닌그라드에 사는 이신바예바는 새벽 3시라서 깊은 잠에 빠져 있어요. 반대로 중국은 드넓은 영토를 가졌지만 단 하나의 시간대를 사용하고 있습니다. 이는 하나의 중국을 강조하는 중국의 입장에서 다양한 소수 민족이나 자치구 사람들이 다른 시간대를 사용했을 때 발생할 수 있는 혼란을 방지하고자 내린 결정이라고 해요. 그래서 베이징에 사는 순지하이가 출근하는 오전 8시에 신장 위구르 자치 지역에서 일을 하는 여명은 베이징 시각을 표준시로 사용하고 있어 해가 뜨기도 전인 새벽 4시에 출근하게 되죠. 이렇듯 시간은 개인에게도 매우 중요하지만, 한 국가의 정책을 결정하는 중요한 요소로 작용하기도 한답니다.

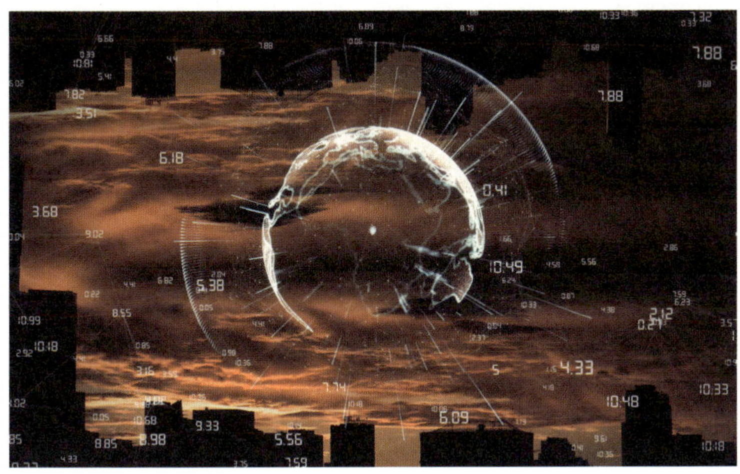

세계 시간의 중심인 본초 자오선은 영국 런던 그리니치 천문대에 있어요. 이곳에서 서쪽으로 180°를 서경, 동쪽으로 180°를 동경이라고 하는데, 이 두 개가 만나는 곳이 바로 날짜 변경선입니다.

봄·여름·가을·겨울 중 어느 계절이 가장 좋은지
선택할 수 없는 나라도 있어요

우리는 가끔 이런 질문을 받습니다. '가장 좋아하는 계절이 언제인가요?'라고요. 그러면 저마다 좋아하는 계절과 그 이유를 이야기해요. 여름철 바닷가에서 수영하는 게 좋아서 여름이 좋다고 하는 친구도 있고, 겨울철 친구와 눈싸움하는 게 기다려져서 겨울이 가장 좋다고 말하는 친구도 있죠. 때론 맑고 쾌적한 봄 또는 단풍으로 물든 아름다운 산을 보는 것이 좋아 가을이 좋다고 말하는 친구들도 있겠죠. 이처럼 우리가 네 개의 계절 중 가장 좋아하는 계절 하나를 선택할 수 있다는 건 당연한 일 같지만, 세계 다른 지역에는 '가장 좋아하는 계절이 언제

인가요?'라는 질문을 받아보지도 못하거나 다른 계절이 있는 줄 모르고 살아가는 친구들도 있어요. 도대체 그런 곳에는 어떤 이유로 여러 계절이 없는 걸까요? 또 그 친구들은 어떤 계절을 살아가고 있을까요?

우리가 살고 있는 드넓은 지구에는 다양한 자연환경 속에서 살아가는 사람들이 있어요. 일 년 내내 뜨거운 여름 안에서 살아가는 사람도, 일 년 내내 추위에 떨며 하루하루를 살아가는 사람도 있죠. 뜨거운 여름 속에서 평생을 살아가는 사람은 하늘에서 내리는 눈을 상상하지도 못하고, 추위에 떨며 평생을 살아가는 사람은 바다에 들어가 수영을 즐기고 시원한 에어컨 밑에서 책을 읽는다는 걸 상상하지도 못하죠. 이처럼 우리가 상상할 수 없는 환경 속에서 살아가는 사람들은 태양과 지구의 관계 속에서 자신들이 살고 있는 위치를 원망하고 있을지도 모르겠네요.

우리 지구는 태양을 중심으로 1년에 한 바퀴를 돌아요. 우리는 이를 '공전'이라고 부르는데, 이때 지구는 시계 반대 방향_{서쪽에서 동쪽으로}으로 움직이죠. 지금 지구가 있는 곳에 다시 돌아오기 위해서는 꼬박 365일이 걸린다는 뜻이에요. 하지만 지구가 그냥 태양을 중심으로 1년에 한 바퀴를 도는 것은 아니에요. 아주 오래전 소행성과 충돌한 지구는 현재 23.5°가 기울어진 상태로 태양 주변을 돌고 있어요. 바로 그 기울어진 지구 때

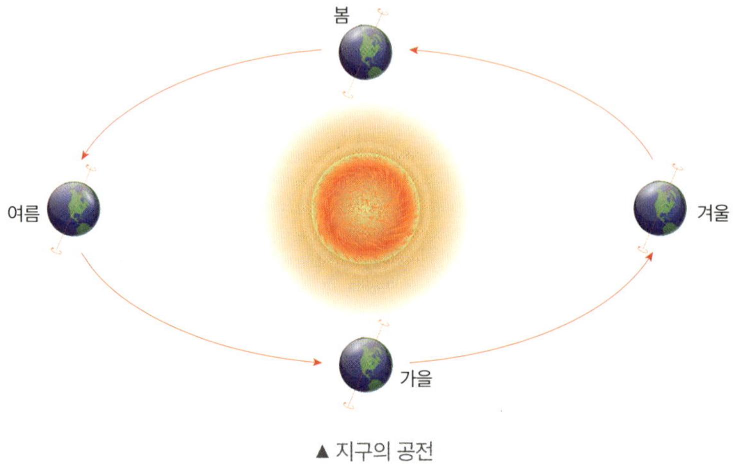

▲ 지구의 공전

문에 우리나라는 사계절을 가지게 되었지만, 그렇지 못한 지역도 생기게 되었죠. 지구는 태양과 먼 거리에 있지만 태양이 보내는 자외선에 의해서 따뜻하게 데워져요. 단, 지구는 너무 뜨거워지는 것을 방지하기 위해 스스로 적외선이라는 에너지를 지구 밖으로 내보내기 때문에 우리는 일정한 기온을 누리면서 살 수 있게 되었죠. 태양이 보내는 에너지를 좁은 면적에 직각으로 내려받는 곳을 '열적도'라고 합니다. 태양이 보내는 에너지를 가장 많이 받는 지역을 뜻하죠. 이곳은 주로 위도 0°인 적도 주변으로 다른 지역보다 훨씬 더워요.

이렇게 23.5° 기울어진 채로 지구가 태양 주위를 1년에 한 바퀴 돌아요. 이 기울기 때문에 계절이 생기죠. 태양을 도는 동안 어떤 시기에는 북반구가 태양 쪽으로 더 기울어지고, 반년 정도 지나면 남반구가 태양 쪽으로 더 기울어져요. 그래서 여름에는 북반구가 태양 빛을 더 많이 받고, 겨울에는 남반구가 태양 빛을 더 많이 받는 것이죠. 그래서 북반구에 위치한 우리나라는 여름철에는 지구에서 뜨거운 곳 중 하나가 되고, 겨울에는 추워지죠. 그 계절 중간중간에는 봄과 가을이 찾아오고요. 반대로 태양 에너지가 비스듬하게 들어오는 곳은 햇빛이 넓게 퍼지기 때문에 따뜻해지기 어려워서 다른 곳보다 추워요. 특히 겨울철에는 태양이 지구의 남쪽으로 강한 에너지를 보내기 때문에 북쪽에 위치한 나라들은 유난히 더 추운 겨울을 보내야 합니다. 세계에서 가장 춥다는 러시아의 오이먀콘은 겨울철에 영하 50℃로 기온이 떨어지는 건 일상적이고, 최저 기온이 영하 67.7℃인 기록을 가진 지역이에요. 영하 10℃만 되어도 바깥에 나가기가 두려워지는데 평균이 영하 50℃라고 하니, 그곳에 사람들이 어떻게 살아갈지는 도저히 상상조차 할 수 없을 정도예요.

일 년 내내 무더위 속에 살아가는 대표적인

나라들은 아프리카의 콩
고 민주 공화국, 브라질의
아마존 주변 지역 그리고
우리 가까이에 있는 동남
아시아의 인도네시아와
같은 나라들이 있어요. 이
곳은 아무리 추운 겨울에
도 평균 기온이 18℃ 이하
로 떨어지지 않는 곳이죠.

우리가 살고 있는 대한민국을 기준으로 보면 따뜻한 봄과 가
을 날씨가 이들에겐 가장 추운 날씨가 되겠네요. 이곳 사람들
은 무더운 날씨 때문에 옷을 최대한 간편하게 입어요. 원주민
들은 신체의 최소한만 가린 채 살아가기도 한답니다. 또 하루
종일 내리쬐는 햇볕에 공기가 데워지고 그 데워진 공기가 구
름을 만들어 매일 오후 늦은 시간이면 스콜5)이라는 비가 내립
니다. 우리나라에서 한여름철 내리는 소나기가 이곳에서는 매
일 내리는 거죠. 그렇다 보니 강수량이 많아 집들이 물에 잠기
는 일이 잦기 때문에 이곳에 사는 사람들은 아예 땅바닥에서
조금 떨어진 상태로 집을 짓고 살아가요. 이런 집을 높은 곳에

---

5) 열대 지방에서 나타나는 세찬 소나기. 강풍, 천둥, 번개 등이 함께 나타나는 경우가 많음.

있는 집이란 뜻에서 '고상高床 가옥'이라고 부른답니다. 이곳에 사는 사람들은 일 년 내내 무더운 날씨 덕분에 그런 날씨에서 잘 자라는, 초콜릿의 원료가 되는 카카오와 커피 등을 생산하게 되었어요.

앞서 말한 것처럼 일 년 내내 무더운 나라는 있지만 일 년 내내 추위에 떠는 나라는 사실 없어요. 다만 여름이 아주 짧거나, 그 여름이 별로 덥지 않고 긴 겨울을 가진 나라들이 많죠. 이런 나라에선 긴 겨울의 추위를 이겨 내기 위해 가축의 가죽이나 털로 만든 옷을 입고 살아가요. 또 짧은 여름에 땅이 녹으면서 집이 무너지는 것을 막기 위해 더운 지역에 사는 사람들처럼 집을 땅바닥에 떨어트린 채로 짓죠. 하지만 더운 지역 사람들과는 다르게 집의 기둥을 땅속 깊이 박아 두고 그 위에 집

을 짓는답니다. 땅속 깊은 곳은 아무리 날씨가 더워도 녹지 않아요. 그래서 일시적으로 더워지는 여름에 땅바닥이 녹더라도 그곳은 꽁꽁 얼어 있기 때문에 집을 땅바닥에 떨어트려 짓는 것이죠. 이곳에 사는 사람들은 겨울이 길어서 싱

싱한 채소나 과일 등을 섭취하기가 어려워요. 그래서 러시아에서 순록을 데리고 다니며 살아가는 사람들은 비타민을 섭취하기 위해 동물의 피를 마시기도 한답니다.

여름이 오면 겨울이 그립고 겨울이 오면 여름이 그립다며 투정을 부렸던 우리들, 일 년 내내 겨울이 무엇인지 모르거나 일 년 중 대부분을 겨울로 살아가야 하는 친구들이 있다고 하니 더 이상 투정을 부리면 안 되겠다는 생각이 드네요.

위도에 따라 태양으로부터 받는 에너지의 양이 달라 적도는 일 년 내내 여름이고, 극지방(북극과 남극을 중심으로 한 주변 지역)은 일 년 중 대부분이 겨울이에요. 우리가 사는 곳은 비교적 중간이기 때문에 봄·여름·가을·겨울이 모두 있답니다.

우리나라보다 영국이 훨씬 커 보이는 건 지도가 우리를 속이고 있기 때문이에요

작지만 강한 나라라는 표현이 우리나라를 뜻한다는 건 누구나 알고 있을 거예요. '작은 고추가 맵다.'라는 속담에서 볼 수 있듯이 비록 규모는 작더라도 더 많은 힘을 가지고 있다면 그것으로 의미가 있다고 생각하는 거죠. 그래서 우리나라가 조금 작은 나라이긴 하지만 경제적으로나 문화적으로 강한 힘을 가진 나라임을 표현하기에 가장 좋아요. 그렇다면 어떤 기준으로 우리나라는 작은 나라일까요? 또 우리나라는 정말 작은 나라일까요? 우리나라는 한반도 전체로 보았을 때 그 면적이 약 22만km^2, 남한만 떼어서 본다면 약 10만km^{2}입니다. 도대체 이 면적이 넓은 면적인지 좁은 면적인지 이해하기 어렵겠지만, 우리나라는 전 세계 253개 나라 중에 85번째로 면적이 넓은 나라예요. 여러분은 분명히 '어? 그렇다면 우리나라는 작은 나라가 아닌데?'라고 생각하겠죠. 물론 전 세계 모든 국가의 국토 면적 평균인 약 54만km²의 절반에도 못 미치는 수준이긴 하지만 러시아, 미국, 캐나다, 중국 등과 같이 거대한 면적을 가진 소수의 나라를 제외하곤 우리나라가 그렇게 작은 나라는 아니라는 뜻입니다. 그렇다면 우린 왜 스스로 작은 나라라고 인정했을까요?

비교적 정확한 세계지도가 만들어지고 전 세계에 알려질 때쯤, 그 지도가 우리에게 거짓말을 하고 있다고 생각한 사람은 없었을 거예요. 드디어 세계가 이렇게 생겼다는 사실을 알게 되어 더욱 큰 희열을 느꼈을 테지요. 특히 1569년 네덜란드의 지도학자인 메르카토르[6]가 만든 지도는 실제의 지구와 매우 유사한 형태여서 사람들이 아무런 의심 없이 받아들이기 충분했습니다. 구체[7]인 지구를 평면인 지도로 옮기는 것이 쉽지 않았던 시절에는 지구를 잘라 이리저리 평면으로 가져다 붙여 보아도 무언가 정확한 모습이 나오질 않았어요. 둥근 지구를 평평한 종이에 그리려면 어떤 형식으로든 변형을 줄 수밖에 없는 상황이었죠. 그래서 사람들은 변형 방법 중 '투영법'이라는 것을 사용하게 됩니다. 둥근 지구에 빛을 쏘아서 평면인 종이 위에 투영시키는 방법이죠. 이때 어떤 투영법을 사용하느냐에 따라 평면의 지도에 표현되는 모습이 완전히 달라집니다.

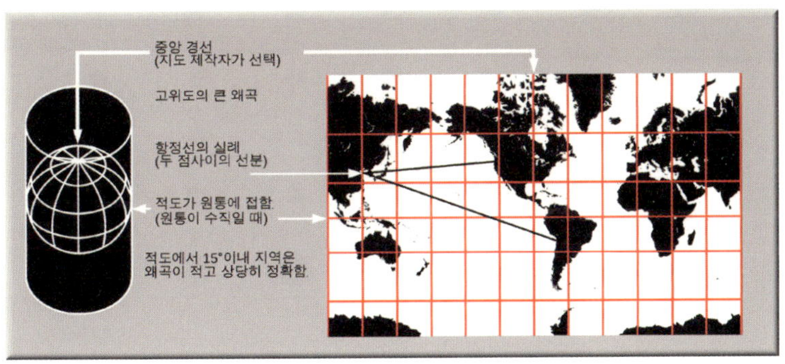

▲ 메르카토르 도법으로 그린 세계지도

　　널리 알려진 투영법 중 하나인 메르카토르 도법은 종이를 원통으로 말아 지구를 감싼 후 지구 중앙에서 빛을 쏘았을 때 종이에 비치는 것을 그대로 따라 그린 것입니다. 이 지도는 항해를 목적으로 만든 지도이기 때문에 방향각도은 매우 정확하게 나타나요. 지도 위의 어떤 두 점을 연결하는 선이 실제 지구 상에서 두 점을 연결하는 선과 같은 각도를 이루기 때문에, 배를 타고 이동할 때 지도 위의 각도만 계산하면 정확하게 목적지까지 도착할 수 있었죠. 하지만 면적이 심하게 왜곡된다는 특징도 있어요. 적도 부근은 비교적 정확하게 나타나지만, 극

---

6) Gerardus Mercator. 네덜란드의 지리학자이자 지도 제작자.
7) 공처럼 둥근 형체나 물체.

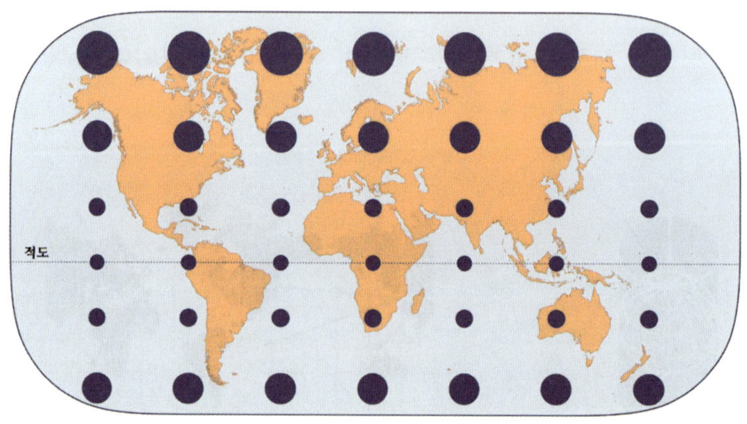

지방으로 갈수록 면적이 심하게 왜곡되어 실제의 면적보다 훨씬 커 보이는 지도이죠. 하지만 이 지도는 항해에 매우 유용하게 활용되었기 때문에 오랜 시간 사용되었답니다. 그래서 사람들은 이 지도에 표현된 나라의 크기를 있는 그대로 받아들일 수밖에 없었던 거죠.

실제 우리나라는 적도를 중심으로 북쪽으로 33°~43° 사이에 있는 나라이지만 영국은 적도 북쪽으로 49°~62° 사이에 있습니다. 적도를 중심으로 했을 때 우리나라보다 훨씬 더 북쪽에 있기 때문에 메르카토르 지도로 본다면 영국은 우리나라보다 더 크게 왜곡되어 표현되죠. 실제 영국의 면적은 약 24만km^{2}로 우리나라보다 약 2만km^2 정도밖에 크지 않은 나라입니다. 얼핏 지도로 보기에 거의 두 배 가까이나 커 보이는 나라이지만,

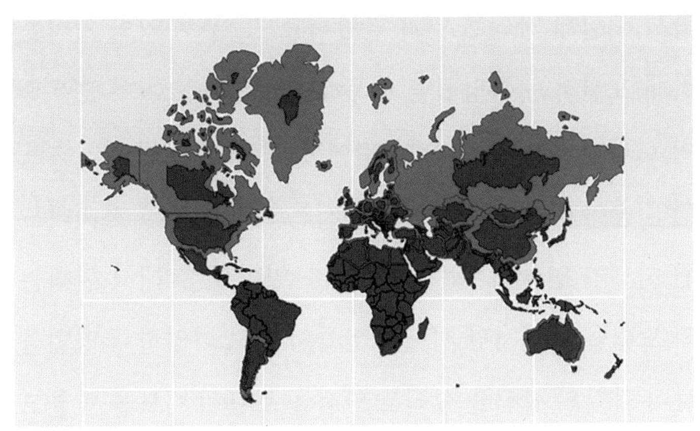

▲ 왜곡된 크기와 실제 크기의 비율

실제로 그렇게 크게는 차이가 나지 않는다는 사실을 깨닫는다면 우리가 접하고 있는 지도가 100% 진실만을 이야기하고 있지 않다는 걸 알게 되죠. 물론 의도적으로 우리에게 거짓말을 하진 않았겠지만, 지도에 보이는 모습을 있는 그대로 받아들이면 안 된다는 것을 명심해야 해요.

그렇다면 우리나라를 제외하고 면적으로 오해를 받는 곳은 어디가 있을까요? 지도상에서 아프리카 대륙보다 커 보이는 그린란드는 실제로 인도와 면적이 비슷합니다. 북극 근처에 있어 심하게 왜곡되었던 거죠. 브라질은 실제로 미국보다 더 큰 나라이며, 드넓은 대륙 같았던 러시아는 실제로 아프리카의 절반^{약 56%} 크기밖에 되질 않아요. 이후 면적을 최대한 정확하게 만드는 투영법을 사용해 지도를 만들었지만, 이 지도는 형태를 왜곡시켜 실제 땅의 모양과 달랐어요. 또 두 지역의 거리를 정확하게 표현하는 투영법을 사용하면 형태와 크기가 모두 왜곡되어 나타나 실제 활용도가 떨어졌죠. 따라서 구체의 지구를 평면인 종이 위에 표현하기 위해서는 어떤 방법을 쓰더라도 왜곡된 지도가 만들어지는 것을 알 수 있어요. 그래서 현재는 하나의 도법을 통해서만 지도를 만들지 않고 다양한 투영법을 조합하여 각각의 장점을 살리고 단점을 보완해 지도를 만들고 있어요. 하지만 지구의 모습을 있는 그대로 표현하는 지도는 아직 찾기 힘들죠.

과거 우리 조상들은 지도를 통해 지리 정보를 얻으며 살았어요. 우리가 살고 있는 지금처럼 인공위성이나 항공 자료를 얻을 수 없었던 시기였기 때문에 누가 어떤 목적으로 지도를 만드느냐에 따라 얻을 수 있는 지리 정보의 양과 질이 완전히 달라질 수밖에 없었죠. 누군가는 그런 점을 이용해 사람들의 눈과 귀를 막았을 것이고, 또 누군가는 그런 속임에 넘어가 잘못된 정보를 가지고 피해를 보았겠죠? 지금 우리가 스마트폰 안에서 바라보는 세계의 모습에도 어쩌면 누군가 특정한 목적을 가지고 지리 정보를 담아 두었을 수도 있어요. 뉴스를 있는 그대로 받아들이지 않고 비판적으로 바라보기 위해 노력하는 만큼, 지도 또한 있는 그대로 받아들이지 않으려는 노력이 있어야 한답니다.

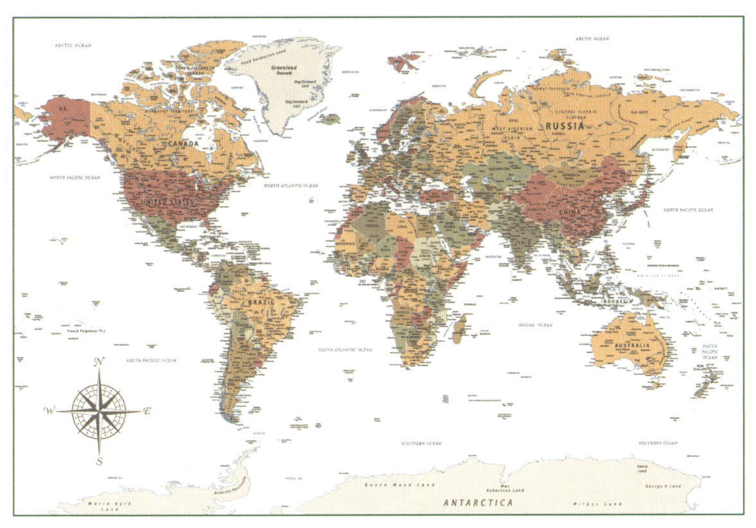

ARCTIC OCEAN
ARCTIC OCEAN
Greenland
RUSSIA
CANADA
NORTH PACIFIC OCEAN
NORTH ATLANTIC OCEAN
UNITED STATES
CHINA
NORTH PACIFIC OCEAN
BRAZIL
INDIAN OCEAN
AUSTRALIA
SOUTH PACIFIC OCEAN
SOUTH ATLANTIC OCEAN
N
W E
S
SOUTHERN OCEAN
SOUTHERN OCEAN
ANTARCTICA

2장
모자이크 세상,
자연과 인간이 함께
만들어 가는 세상

쾨펜은 어떤 직업을 가졌길래 세계의 기후를 구분했을까요?

● 세계 기후 구분

　세계에서 가장 추운 곳으로 기네스북에 등재된 러시아 오이먀콘은 일 최저 기온이 영하 71.2℃까지 떨어진 적이 있어요. 기온이 0℃만 되어도 추위를 어떻게 버틸지 걱정하는 우리에게 영하 71.2℃는 너무나 가혹한 날씨죠. 반대로 일 최고 기온이 가장 높은 곳으로 기네스북에 등재된 미국의 데스밸리는 최고 기온이 영상 56.7℃를 기록한 적이 있어요. 40℃에 육박하면 온 나라가 떠들썩한데 무려 56.7℃라고 하니 이곳에 사람이 살 수는 있는지, 산다면 어떻게 살고 있는지 궁금할 정도예요. 이처럼 지구촌 곳곳에는 우리와 전혀 다른 환경에서 살아가는 사

람들이 있어요. 그 사람들은 저마다의 기후에 적응하고 다양한 문화를 발전시키며 살아오고 있죠. 우리가 쌀을 주식으로 먹는 문화를 가진 것과 달리 유럽 사람들이 밀을 주식으로 먹는 문화를 가진 것도 기후에 적응하며 살아가는 사람들이 만든 독특한 문화라고 할 수 있어요. 그렇다면 사람들이 적응하고 있다는 기후는 어떤 의미일까요? 매일 아침 뉴스에서 만나는 기상 캐스터가 전달하는 정보와 기후는 무엇이 다를까요?

'기상'이란 그때그때의 대기 상태를 뜻합니다. 대기 상태의 줄임말이라고 생각하면 쉬울 거예요. 지금 당장 비가 오거나 내일 아침 기온이 많이 내려간다거나 하는 것을 우리는 기상이라고 하죠. 기후는 오랜 기간에 걸쳐 나타나는 대기의 평균적이고 종합적인 상태를 뜻해요. 대한민국의 8월 기후는 덥고 습하고, 이탈리아 로마의 8월 기후는 덥고 건조하다는 것을 우리가 예측할 수 있는 이유는 오랜 기간 대기의 평균적인 상태가 그랬기 때문이죠.

지리학에서는 여러분에게 당장 오늘의, 내일의 날씨를 알려 줄 수 없고 가르쳐 줄 수도 없기 때문에 기후를 가르쳐요. 이탈리아 로마의 8월 기후가 덥고 건조하다고 하면 그 사람들은 그늘에만 가도 제법 시원하겠다는 걸 알게 되겠죠. 그렇다면 그 사람들은 우리처럼 에어컨을 가정에 다 구비하고 있지 않을 수도 있다는 논리적인 예측이 가능한데, 이것이 바로 지리를 배우는 이유랍니다.

기후를 구성하는 3대 요소로는 기온, 강수, 바람이 있어요. ‘기온’은 대기의 온도를 뜻하고, ‘강수’는 비나 눈처럼 하늘에서 지표면으로 떨어지는 물을 말해요. ‘바람’은 공기의 수평적인 움직임이에요. 이런 기후의 3대 요소는 지역에 따라 다양하게 나타나는데, 이는 기후 요소의 차이를 만드는 요인 때문이랍니다. 우리는 이를 ‘기후 요인’이라고 해요. 예를 들어 높은 곳이 낮은 곳보다 보통 기온이 낮으니, 해발 고도[8]가 지역의 기온 차이를 만든다고 할 수 있죠. 또 육지의 영향을 많이 받는지 바다의 영향을 많이 받는지에 따라 기온과 강수, 바람이 달라져요. 이 외에도 지형, 해류[9] 등이 지역별로 기후의 차이를 만들어 세계에는 다양한 기후가 나타나죠. 이 중에서 위도는 세계 기후를 구분하는 데 있어 매우 중요한 요인이에요. 위도에 따라 지표면이 태양으로부터 받는 에너지의 양이 달라져요. 적도와 가까운 곳은 좁은 면적에 집중적으로 태양 에너지를 받아 일 년 내내 덥고, 극지방으로 갈수록 넓은 면적에 같은 양의 태양 에너지를 받기 때문에 상대적으로 기온이 낮게 나타나요. 그래서 세계의 기후를 위도에 따라 구분할 수 있는 거죠. 하지

---

8) 평균적인 바닷물의 표준을 기준으로 잰 어떤 지점의 높이.
9) 일정한 방향과 속도로 이동하는 바닷물의 흐름.

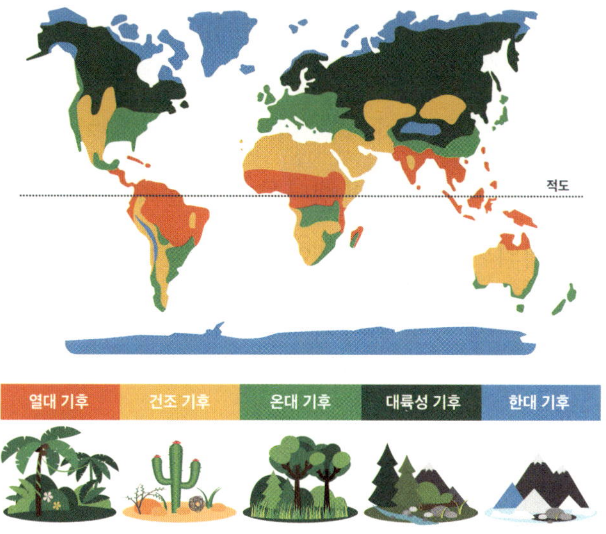

만 같은 위도에 위치한다고 해서 무조건 같은 기후가 나타나는 것은 아니에요. 앞에서도 언급했듯이 지형이나 해발 고도, 해류 등의 영향으로 인해 같은 위도임에도 불구하고 다양한 기후가 나타난답니다. 따라서 세계 기후를 정확히 구분하기 위해서는 비슷한 위도대[10]에서 기후 요소가 비슷하게 나타나는 지역의 범위를 묶어요.

이렇게 전 세계에 나타나는 다양한 기후를 구분한 사람은 바로 독일의 식물학자인 쾨펜[11]입니다. 지리학자도 아닌 그는

---

10) 지구 위에서 공통적인 자연 지리적 특징이 위도를 따라 길게 띠 모양으로 있는 지대.
11) 러시아 태생의 독일 기상학자이기도 하며, 세계의 기후 분류법을 고안해 냄.

도대체 왜 세계의 기후를 구분했을까요? 그 이유는 꽃과 나무, 즉 식물은 기온과 강수에 따라 자랄 수 있거나 자랄 수 없는 상태로 바뀌기 때문입니다. 러시아에서 망고나무가 자랄 수 없고, 사우디아라비아에서 은행나무가 자랄 수 없는 것이 바로 쾨펜이 세계의 기후를 구분한 이유이죠. 세계의 기후만 구분한다면, 세계 어디에서 어떤 식물이 자랄 수 있는지 한눈에 파악할 수 있기 때문이에요.

쾨펜은 세계의 기후를 총 다섯 개로 구분했습니다. 적도 주변에 위치해 일 년 내내 날씨가 무더운 열대 기후, 식물이 자라기 어렵고 사람이 살아가기에도 벅찰 만큼 비가 오지 않는 건조 기후, 세계에서 많은 사람이 살고 있는 온화한 온대 기후, 겨울에는 매우 추워 땅이 얼고 여름에는 잠깐 녹는 냉대 기후, 그리고 너무 추워서 나무도 자라기 어려운 한대 기후까지 모두 쾨펜이 구분한 기후랍니다. 물론 이후 미국의 지리학자인 트레와다는 높은 산지에서 또 다른 기후가 나타난다고 하여 고산 기후를 새롭게 구분하기도 했어요. 세계의 기후는 적도에서 양극으로 가면서 열대, 건조, 온대, 냉대, 한대 기후가 대체로 위도와 평행하게 나타나고 있어요.

---

12) 비나 눈으로 내리는 강수의 양이 증발하는 것보다 많은 기후.

1차 기후 구분		2, 3차 기후 구분	기후형	
습윤 기후 12)	열대 기후 (A)	가장 추운 달 평균 기온 18℃ 이상	<2차: 건조한 계절> f: 연중 습윤 s: 여름 건조 w: 겨울 건조 m: 계절풍 기후 (f와 w 중간)	Af: 열대 우림 기후 As, Aw: 사바나 기후 Am: 열대 계절풍 기후	
	온대 기후 (C)	가장 추운 달 평균 기온 -3~18℃		Cf 온대 습윤	Cfa: 온난 습윤 기후 Cfb: 서안 해양성 기후
			<3차: Cf 기후> a: 가장 더운 달 평균 기온이 22℃ 이상	Cs: 지중해성 기후 Cw: 온대 겨울 건조 기후	
	냉대 기후 (D)	가장 추운 달 평균 기온 -3℃ 미만 가장 따뜻한 달 평균 기온 10℃ 이상	b: 가장 더운 달 평균 기온이 22℃ 미만 10℃ 이상인 달이 4달 이상	Df: 냉대 습윤 기후 Dw: 냉대 겨울 건조 기후	
	한대 기후 (E)	가장 따뜻한 달 평균 기온 10℃ 미만	T: 툰드라. 가장 따뜻한 달이 0~10℃ F: 빙설. 가장 따뜻한 달이 0℃ 이하	ET: 툰드라 기후 EF: 빙설 기후	
건조 기후 (B)		연 강수량 500mm 이하. 증발량이 강수량보다 많음	S: 스텝. 연 강수량이 250~500mm W: 사막. 연 강수량이 0~250mm	BS: 스텝 기후 BW: 사막 기후	

▲ 쾨펜의 기후 분류

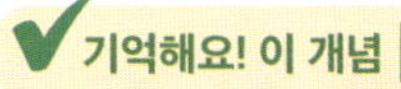

식물은 기온과 강수에 따라 자랄 수 있거나 자랄 수 없게 됩니다. 식물학자 쾨펜은 어디에 어떤 식물이 자랄 수 있는지 알기 위해 세계의 기후를 구분했어요.

타잔은 왜 걸어 다니지 않고
나무줄기를 타고 다니는 걸까요?

어릴 적 책이나 애니메이션 속에서 보던 타잔이 실제로 존재하는 인물일까 궁금했던 적이 있나요? 만약 타잔이 실제로 존재하는 인물이라면, 그는 정말 나무의 줄기를 타고 다닐 수 있는 능력을 갖춘 사람일까요? 멀쩡히 걸어 다닐 수 있는데 왜 나무줄기를 타고 위험하게 이동했던 걸까요? 지리를 알면 타잔이 왜 나무줄기를 타고 위험하게 이동해야만 했는지 알 수 있답니다.

타잔이 사는 곳은 일 년 내내 따뜻하다 못해 무더운 곳이에요. 아무리 추운 겨울에도 기온이 18℃ 이하로 떨어지지 않죠.

우리는 가장 추운 달의 평균 기온이 18℃ 이상일 때 이를 '열대 기후'라고 불러요. 쾨펜은 이 열대 기후를 기호 A로 구분했어요. 주로 적도를 중심으로 남·북으로 위도 20° 부근에서 열대 기후가 나타나는데, 이는 태양과 지구의 관계가 어떻게 변하든 일 년 내내 태양으로부터 많은 에너지를 받기 때문이죠. 그렇다고 이곳이 다 똑같은 기후를 가진 곳은 아니에요. 앞서 기후를 구성하는 요소가 기온, 강수, 바람이라고 했는데, 열대 기후는 기본적으로 기온의 공통점만 가지고 있고 지역에 따라 강수량은 조금씩 차이가 있어요.

대표적으로 일 년 내내 무덥고 비가 많이 오는 곳을 '열대 우림'이라고 불러요. 우리가 흔히 알고 있는 열대 기후의 모습은 바로 열대 우림을 뜻하죠. 한편, 비가 많이 올 때와 적게 올 때가 명확하게 구분되는 열대 기후도 있는데, 이를 '열대 몬순 기후'와 '사바나 기후'로 나눌 수 있어요. 열대 몬순에서 몬순은 계절풍을 뜻하는 말로 건조한 대륙에서 바람이 불어오는 계절에는 비가 적게 오고, 습한 바다에서 바람이 불어오는 계절에는 비가 많이 오는 지역의 기후를 말해요. 사바나 기후는 열대 기후가 나타나는 지역 중 비가 내리지 않는 건기와 비가 내리는 우기가 명확하게 구분되는 지역의 기후를 말합니다. 동물의 왕국을 떠올리면 바로 알 수 있듯이, 키가 큰 풀이 자라고 듬성듬성 서 있는 나무 사이 초식 동물과 육식 동물이 함께 살아가는 터전에 나타나는 기후랍니다.

　열대 우림 기후는 열대 기후 중에서도 가장 적도 중심에 분포하고 있어요. 이곳은 일 년 365일 덥고 습하기 때문에 나무가 시들 걱정을 할 필요가 없는 곳이죠. 또 한낮에 뜨겁게 데워진 공기로 인해 오후에는 강한 비가 내리는데, 우리나라의 소나기와 같은 비를 열대 우림에서는 '스콜'이라고 부른답니다. 강한 태양 에너지로 인해 덥고 습한 날이 무한 반복되다 보니 이곳에는 키가 큰 나무가 자라기에 너무 좋은 환경이 만들어져요. 그래서 키 큰 나무들이 울창하게 서 있지만 나무 아래쪽에는 나뭇잎이 햇볕을 가리게 돼요. 그리고 비는 바닥에 떨어지기 때문에 그늘지고 습한 환경이 만들어지죠. 이런 환경에서 잘 자라는 키 작은 덩굴나무 숲을 '정글'이라고 부르는데, 열대 우림에서는 '셀바스'[13]라고 부르기도 한답니다. 습하고

햇볕이 들지 않는 땅에다가 나무줄기와 잎이 뒤엉켜 있고 뱀과 파충류들이 살기 좋은 환경이니, 이곳 사람들이 두 발로 걸어 다니는 건 쉽지 않겠죠? 여기에서 바로 모든 의문이 풀리게 됩니다. 타잔이 걸어 다니지 않고 나무줄기를 타고 여기저기를 옮겨 다니는 이유는 바로 열대 우림 기후에서 스스로 보호하며 살아가기 위해서이죠. 어떤가요? 지리를 알고 나니, 우리가 몰랐던 세상이 보이지 않나요? 마찬가지로 이곳 사람들은 습기와 해충으로 인해 집도 바닥에서 띄워서 지었는데, 이를 '고상 가옥'이라고 부릅니다. 물론 많은 비 때문에 지붕이 무너지지 않도록 지붕의 경사를 급하게 해 빗물이 바로바로 바닥으로 떨어지게 하는 지혜도 발휘했어요. 이들은 드넓은 숲에 농사를 짓고 살기 힘드니 숲을 태워 그 재를 비료 삼아 농사를 짓고 살았는데, 이런 전통적인 농업 방식을 '이동식 화전 농업'이라고 부릅니다. 불을 뜻하는 한자어 '화火'와 밭을 뜻하는 한자어 '전田'이 합쳐진 의미예요. 이동식이 붙은 이유는 불 태워 만들어진 재가 다 소비되고 나면 바로 옆으로 이동해 다시 불을 태워 재를 만들고, 그걸 비료 삼아 농사를 지었기 때문이죠. 이런 방법으로 생산되는 대표적인 작물이 얌[14], 카사바

인데 여러분이 잘 알고 있는 타피오카 펄이 바로 카사바로 만든 것이죠. 이런 전통적인 농업 방식 외에도 선진국의 자본과 기술 그리고 현지의 값싼 노동력을 결합한 방식의 플랜테이션 농업[15]을 하기도 한답니다. 카카오, 바나나, 천연고무 등이 플랜테이션 농업으로 생산하는 대표적인 작물이에요.

대체로 열대 우림 기후 지역의 주변에서 나타나는 사바나 기후나 몬순 기후는 건조한 계절과 비가 많이 오는 계절이 비교적 정확하게 나누어지는 특징이 있어요. 그러나 사바나 기후에서는 열대 우림 기후처럼 키가 크고 잎이 푸른 울창한 숲이 만들어지기는 어려워요. 대신 키가 큰 풀이 자라 초원을 이

---

15) 열대, 아열대 기후에서 원주민의 값싼 노동력을 이용해 대규모로 생산하는 농업.

루고, 나무가 드문드문 자라는 풍경이 나타나죠. 사바나 기후에서는 이런 환경 덕분에 초식 동물과 육식 동물이 함께 공존할 수 있답니다. 이런 멋진 모습을 보기 위해 떠나는 여행을 '사파리 관광'이라고 부르죠. 동물원에서 차를 타고 지나가는 동물을 바라보는 것의 시초가 바로 사바나 기후가 나타나는 지역이에요. 이곳 사람들은 드넓은 초원을 활용해 동물을 끌고 다니며 키우는 유목을 직업으로 삼고 있었기 때문에, 언제든 편하게 이동하고 쉼터가 될 수 있는 집이 필요했어요. 이 동식 가옥이 그들이 택한 방식인데, 캠핑장에서 흔히 볼 수 있는 텐트가 바로 이동식 가옥의 사례라고 보면 될 거예요. 이곳 또한 열대 우림과 마찬가지로 선진국의 자본과 기술을 도입한 플랜테이션 농업이 이루어져요. 사바나 기후에서 생산되는 대표적인 작물은 커피와 차랍니다.

열대 몬순 기후 지역은 기후의 특징을 잘 활용해 전통적으로 벼농사를 활발하게 짓고 있어요. 우리가 잘 알고 있는 동남아시아의 인도네시아, 말레이시아와 같은 나라에서는 일 년 내내 벼농사를 지을 수 있어 무려 1년에 2번 또는 3번 벼농사를 짓기도 하죠. 또 물 위에 떠 있는 집인 수상 가옥을 지어 더운 열기에 적응하며 살아가고 있답니다.

우리와 전혀 다른 환경이지만, 그곳 사람들도 저마다의 자연환경에 지혜롭게 적응하며 살아가고 있어요. 일 년 내내 무덥다고 해서, 일 년 내내 비가 많이 온다고 해서 그들에게 문제가 되는 것은 아니죠.

유럽 사람들은 왜 쌀밥 대신 빵을 선택했을까요?

● 서안 해양성 기후

유럽 여행을 계획하는 사람들의 준비물 목록을 보면 빠지지 않는 것이 있어요. 바로 즉석밥과 라면이에요. 우리가 먹는 쌀밥은 전 세계 어디서든 흔히 볼 수 있다고 생각하겠지만 유럽에서는 쌀밥을 찾기 쉽지 않고, 우리나라 라면처럼 매콤하고 따뜻한 국물은 더더욱 찾기 힘들어요. 유럽을 생각했을 때 떠오르는 음식이 치즈, 피자, 파스타, 스테이크인 것을 보면 사람들의 준비물 목록에 왜 즉석밥과 라면이 들어가는지 어느 정도 이해가 될 거예요. 그렇다면 왜 유럽에서는 우리나라처럼 쌀밥을 먹지 않고 밀로 만든 빵이나 면을 먹을까요? 단순히 더 맛있

어서일까요? 정답은 그들이 쌀밥을 먹고 싶어도 먹을 수 없기
때문입니다.

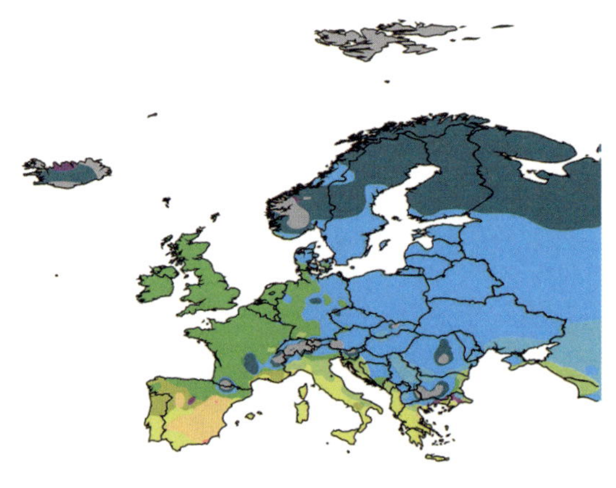

▲ 쾨펜의 기후 구분에 따른 유럽 기후

유럽의 기후는 쾨펜의 기후 구분에 따라 크게 '서안 해양성
기후'와 '지중해성 기후'로 나뉩니다. 영국, 프랑스, 독일 등 유
럽의 서부에 위치한 나라들은 서안 해양성 기후의 영향을 받
고 스페인, 포르투갈, 이탈리아 남부 등 유럽의 남부에 위치한
나라들은 지중해성 기후의 영향을 받아요. 그중 유럽 서부에
위치한 나라들에 영향을 끼치는 서안 해양성 기후에 대해 먼
저 알아볼게요. 유럽 서부 지역은 서쪽으로 대서양이라는 큰
바다가 있어요. 그리고 위도 30°에서 60° 사이에 일 년 내내 부
는 편서풍16)의 영향을 받기도 하죠. 영국의 경우에는 일 년 내
내 바다에서 불어오는 습한 바람 때문에 강수 또한 한 계절에

집중되지 않고 봄, 여름, 가을, 겨울 고르게 비가 내리는 특징이 있답니다. 우리가 영국 사람을 생각했을 때 떠오르는 이미지가 모자를 쓰고, 바바리코트를 입고, 우산을 쓰고, 장화를 신고 있는 것도 이러한 이유예요. 영국 사람들은 일상적으로 내리는 비를 피하고자 늘 우산을 쓰기보다는 적당히 맞고 다녀요. 만약 여러분이 영국을 여행할 계획이라면 우산을 쓰고 있는 사람은 외국인 관광객, 비가 와도 우산을 쓰지 않고 비를 맞고 있는 사람이라면 영국 현지인이라고 생각하면 될 거예요. 이렇게 일 년 내내 비가 고르게 오는 기후의 특징에 따라 하천

16) 위도 30°에서 60° 사이에 연중 서쪽에서 동쪽으로 부는 바람.

을 이용한 수운[17] 교통이 발달한 것이 서부 유럽의 또 다른 특징이에요. 독일의 라인강은 풍부한 물의 양으로 인해 수운 교통이 발달하여 큰 배가 내륙 깊숙한 곳까지 들어갈 수 있어요. 그래서 독일의 공업은 특정 지역에만 집중적으로 발달하지 않고 하천을 중심으로 고르게 발달했답니다. 서안 해양성 기후는 산업의 발달에만 영향을 끼친 것이 아니에요. 바로 농업에도 큰 영향을 끼쳤어요. 서부 유럽은 일 년 내내 비가 고르게 내리고 여름철이 서늘하고 겨울철이 온화하기 때문에 밀이나 보리, 감자 등과 같은 작물이 주로 재배돼요. 쾨펜이 식물학자임에도 불구하고 세계의 기후를 구분한 이유가 기온, 강수 등의 영향에 따라 식물의 분포가 달라지기 때문이라고 했던 것처럼 식량 작물 또한 기온과 강수의 영향을 많이 받아요. 우리의 식탁에 하루 두세 번 올라오는 쌀이 잘 성장하기 위해서는

25~30℃의 기온이 필요한데, 유럽의 여름은 이보다 서늘하기 때문에 쌀을 재배하기 어려운 환경이죠. 유럽에서 쌀을 찾기 힘든 이유는 유럽 사람들이 쌀보다 밀을 더 좋아한다기보다 쌀을 재배하기 어려워 어쩔 수 없이 밀을 재료로 한 음식이 발달할 수밖에 없었기 때문이에요. 또 서안 해양성 기후의 고른 강수와 높지 않은 기온은 가축의 먹이인 목초가 잘 자라도록 하여 목축업이 발달하게 했어요. 그래서 유럽 대도시 인근 지역에서는 일찍이 치즈와 같은 유제품을 생산하는 낙농업[18]이 발달했죠. 농업의 방식을 종합해 봤을 때 유럽 지역에서는 일찍부터 곡물 재배와 목축이 함께 이루어지는 혼합 농업을 통해 안정적인 식량을 공급받을 수 있었답니다.

서안 해양성 기후의 영향으로 유럽 사람들은 햇빛을 보기 힘들어 종종 어려움을 겪어요. 연중 흐리고 비가 오는 날씨 때문인지 장마 기간에 사람들이 우울함을 느끼는 것처럼 유럽 사람들이 느끼는 우울함은 심각한 상황이죠. 그래서 유럽 사람들은 잠시나마 해가 뜨거나 맑은 날이면 공원에서 일광욕을 즐기곤 합니다. 특히 북부 유럽처럼 일조량[19]이 적은 지역에서는 햇빛을 통해 비타민D를 충분히 얻지 못해 해가 뜨는 찰

---

17) 하천이나 강의 물길을 따라 사람이나 물건을 실어 나르는 일.
18) 젖소나 양, 염소 등을 사육하여 우유를 생산하거나, 우유를 원료로 하여 제품을 생산하는 산업.
19) 지표면에 비치는 햇빛의 양.

나의 순간에도 자외선을 받기 위해 일광욕을 즐기는 모습을 볼 수 있어요. 유럽을 여행할 때, 사람들이 많은 공원에서 수영복을 입고 있거나 옷을 벗고 일광욕을 즐기는 사람들을 보더라도 당황하지 말고 그 사람들이 왜 이럴 수밖에 없는지 이해하는 것이 필요하지 않을까 해요.

마지막으로 최근 유럽에서는 신재생 에너지의 수요가 늘어나고 있어요. 석유, 석탄, 천연가스와 같은 화석 연료는 고갈의 위험이 크기도 하지만 사용하는 과정에서 이산화 탄소가 배출되어 지구 온난화와 같은 환경 문제를 많이 유발하기 때문이죠. 이러한 상황에 대비해 유럽에서는 새로운 에너지인 신에너지와 고갈 위험이 적고 환경 오염을 최소화하는 재생 에너지 개발과 활용에 박차를 가하고 있어요. 다행히 유럽은 일 년 내내 서쪽에서 불어오는 바람을 활용할 수 있어 풍력 발전을 통한 에너지 생산이 활발하게 이루어지고 있죠.

지금까지 살펴본 것처럼 농업, 산업뿐만 아니라 일상생활과 문화 모두가 기후의 영향을 받았고, 그 기후에 적응하기 위해 인간들이 저마다의 지혜를 발휘했다는 점을 알 수 있을 거예요. 유럽을 사례로 다양한 설명을 했지만 서안 해양성 기후는 유럽뿐만 아니라 아프리카, 오세아니아, 북아메리카, 남아메리카에서도 나타나요. 특히 유럽이 과거 식민 지배를 했던 국가들을 중심으로 완전히 다른 나라임에도 불구하고 비슷한 기후의 영향에 따라 제법 유사한 문화가 발달한 나라들이 있어요. 단순히 '유럽에서는 쌀밥을 찾기 힘들어.'라고 생각하기보다는 '왜 유럽 사람들은 쌀을 먹지 않고 밀을 먹을까?'라는 의문을 해결하는 것이 바로 지리의 힘입니다.

온대 기후 중 서안 해양성 기후는 여름에 기온이 높지 않아 사람들이 살기에 좋지만 벼농사를 짓기에는 기온이 낮습니다. 그래서 유럽 사람들은 쌀밥 대신 밀로 만든 빵을 선택한 거예요.

세차를 하거나 잔디에 물을 주면
벌금을 내야 하는 나라가 있어요

○ 지중해성 기후

여행 중 샤워를 하는데 시간이 제한되어 있다면 여러분은 어떻게 할 건가요? 여행까지 와서 씻는 것도 마음대로 못 한다는 마음이 생길 수도 있고, 어떻게 이런 일이 일어난 건지 걱정할 수도 있겠죠. 심지어 세차하거나 잔디에 물을 주는 등의 행위를 할 때 벌금을 내야 하는 상황이 발생한다니, 도대체 얼마나 물이 부족하길래 이들은 이렇게 물을 아껴야 할까요?

2008년 에스파냐[20] 바르셀로나에서는 물 부족으로 인한 비상사태가 선포됩니다. 수영장에 물을 채우면 벌금이 무려 3,000유로한화 약 500만 원, 정원에 물을 주면 벌금 30유로한화 약 5만

▲ 지중해성 기후

원를 내야 했죠. 그리고 2024년 다시 한번 비상사태가 선포되며 세차를 해도 벌금을 내야 하는 상황까지 발생했어요. 여름이면 장마에 태풍까지 겹쳐 비가 많이 오는 우리에게 여름 가뭄은 매우 낯선 상황인데요, 도대체 왜 이곳에는 여름에 비상사태를 선포할 만큼 비가 적게 오는 것일까요? 또 이런 기후의 영향을 받아 그곳 사람들의 문화는 어떻게 발전해 왔을까요?

위도 30°~40° 부근의 대륙 서쪽에는 '지중해성 기후'가 나타나요. 주로 유럽의 지중해 인근 지역에서 나타나는 기후라고 해서 이렇게 이름이 붙여졌지만 실제로 아프리카 남부, 오스트레일리아 남서부, 미국 서부 캘리포니아, 칠레 중부 등 다

20) 국가명의 경우 해당 국가의 언어로 된 명칭을 기본으로 합니다. 우리가 흔히 알고 있는 '스페인(Spain)'은 영어명이고, '에스파냐(España)'는 스페인어명이라 '에스파냐'를 기본 표제어로 한 것입니다.

양한 대륙과 다양한 국가에서 지중해성 기후가 나타나죠. 이 기후의 특징은 건기와 우기가 매우 뚜렷하다는 것인데 건기와 우기가 우리와는 정반대로 나타난답니다. 즉, 여름에는 매우 덥고 건조하며 겨울에는 온화하고 비가 자주 내리는 특징이 있어요. 그렇다면 왜 하필 이곳에서만 강수가 반대로 나타나는지 한 번 살펴볼까요?

위도 30° 부근에는 일 년 내내 공기가 아래로 내려오는 아열대 고기압이 발달합니다. 공기가 계속해서 아래로 하강하기만 하니, 이곳에는 구름이 만들어지기도 어려워 비가 내릴 리도 없는 거죠. 이 아열대 고기압은 계절에 따라 남쪽으로 북쪽으로 번갈아 가며 이동하는데, 7월에는 북반구 30°~40° 부근이 아열대 고기압의 영향을 받고 반대로 1월에는 남반구 30°~40°

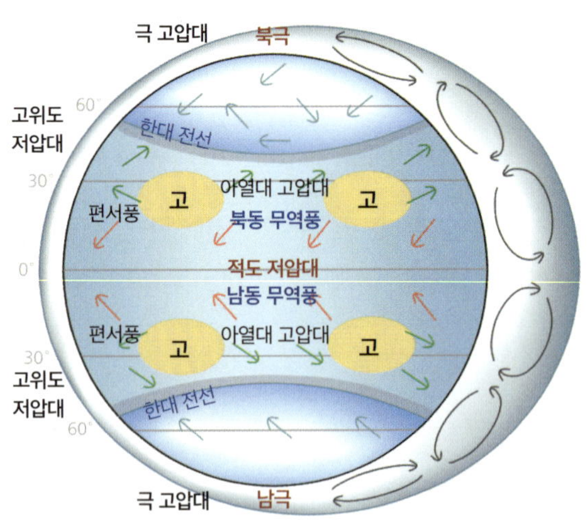

부근에 아열대 고기압의 영향이 있습니다. 북반구와 남반구가 계절이 반대라는 점을 보았을 때, 북반구의 여름인 7월에 아열대 고기압의 영향으로 인해 비가 적게 내리고, 남반구의 여름인 1월에 아열대 고기압의 영향으로 비가 적게 내리니 북반구든 남반구든 위도 30°~40° 부근의 여름은 늘 건조하다고 할 수 있어요.

지중해성 기후 지역은 여름철에 물이 부족하다 보니 물을 아껴 써야 하는 것도 문제이지만 농작물이 성장하는 데도 문제가 생겨요. 그래서 이곳 사람들은 건조한 기후에 제법 잘 적응하고 버텨 낼 수 있는 나무를 활용한 농업을 발달시키게 됩니다. 조금만 건조해도 말라 죽는 벼나 밀과 같은 농작물 재배는 감히 상상도 할 수 없으니까요. 이들 지역에서 주로 생산하는 농작물로는 포도, 올리브, 오렌지 등이 있는데, 모두 나무에 달리는 열매라는 공통점이 있어요. 건조한 기후에도 제법 잘 견디는 방식의 이 농업을 수목 농업이라고 한답니다. 우리가 피자 위의 토핑으로 흔히 볼 수 있는 올리브가 주로 생산되는 국가로는 에스파냐, 이탈리아, 튀르키예, 모로코, 포르투갈이 있는데, 모두 지중해성 기후가 나타나는 국가 및 지역이라고 할 수 있어요. 다만 이곳의 겨울은 날씨도 온화하고 비도 제법 내리기 때문에 여름에 못 했던 밀이나 보리를 재배하기도 하죠. 서안 해양성 기후와 같이 이곳 또한 겨울철의 기온이 높지 않기 때문에 벼농사까지는 할 수 없어요. 이들은 전통적으로 가축을 데리고 이동하며 생활하기도 했는데 수평적으로 장소를 옮기는 유목과는 조금 차이가 있어요. 여름철에는 뜨겁고 건조하기 때문에 산의 위쪽으로 이동하고, 겨울에는 온화하고 비가 내려 산지 아래로 이동하는 방식의 이목[21]을 통해 가축을 키워요. 즉, 유목이 수평적으로 가축을 이동시켰다고 한다면 이목은 수직적으로 가축을 이동시키면서 키운 것이죠.

가옥의 형태도 기후에 적응하며 살아가기 위해 발전했습니다. 여름철 강한 햇빛과 열기를 차단하기 위해 흰색으로 칠한 두꺼운 외벽과 창을 작게 낸 집이 발달했어요. 흰색은 빛을 반사하는 역할을 하므로 뜨거운 열이 집 안으로 들어오는 것을 막았고, 창문이 작아 뜨거운 햇볕이 들어오는 것도 막았죠. 이곳의 여름은 매우 뜨겁지만 건조하기 때문에 햇볕만 충분히 막아 준다면 상상하는 것 이상으로 시원하게 생활할 수 있답니다. 그래서 지중

21) 가축을 여름에는 산에 놓아 기르고, 겨울에는 평지에서 건초로 기르는 목축 방식.
22) 태양의 복사 에너지가 땅에 닿는 양으로 위도에 따라 다름.

해성 기후가 나타나는 지역의 집에서는 선풍기나 에어컨 등 냉방 기구가 별도로 필요하지 않았어요. 또 여름철에는 구름이 거의 없고, 햇볕이 워낙 강하게 내리쬐기 때문에 풍부한 일사량[22]을 바탕으로 태양광 발전이 활발하게 이루어져요. 앞서 서안 해양성 기후와 반대로 여름 내내 햇볕이 내리쬐는 맑은 날씨가 나타나기 때문에 서부 유럽과 같은 서안 해양성 기후 지역 사람들의 휴양지로도 유명하죠. 같은 유럽 아래에서도, 같은 대륙 안에서도 이렇게 기후 차이가 크게 나타나니 문화의 차이가 발생하는 건 당연하다고 볼 수 있겠죠? 문화의 차이에 따라 더욱 다양한 문화를 누리고 살 수 있는 건 지구에서 살아가는 우리에게 축복과 같은 일이랍니다. 문화의 차이를 발생시키는 것은 결국 지역마다 서로 다른 지리적 환경이라는 점을 잊어서는 안 돼요.

✔ **기억해요! 이 개념** | 온대 기후 중 지중해성 기후는 여름철이 무덥지만 강수량이 적은 특징이 있어요. 더운 여름에 비가 적게 오다 보니 그만큼 물 부족 현상이 심해지고, 상황에 따라서는 물을 많이 쓰면 벌금을 내기도 한답니다.

따뜻한 봄이 오면 꽃이 필까 설레기보다
집이 무너질까 봐 걱정이에요

◐ 냉대 기후

세계적으로 널리 알려진 C사의 시원한 탄산음료는 여름에 마시면 좋을까요? 겨울에 마시면 좋을까요? 청량한 음료를 마시기에는 여름이 좋아 보이지만 C사는 겨울철에 사람들이 이 음료를 즐기게 하기 위해 특별한 캐릭터를 만들어 냅니다. 그것은 바로 크리스마스 하면 떠오르는 산타클로스예요. 빨간 옷과 모자를 쓰고 하얀색의 풍성한 턱수염을 한 산타클로스는 사실 1931년 C사의 광고를 통해 만들어졌다는 사실을 알고 있나요? 우리가 흔히 추운 겨울 굴뚝을 통해 선물을 주고 간다고 믿었던 산타클로스는 바로 추운 겨울에 음료를 판매하기 위한

기업의 마케팅으로 만들어진 인물이었던 거예요.

추운 곳에 살고 있는 사람들은 오히려 짧은 여름 동안에 집이 무너질까 봐 걱정을 하고 있어요. 이번 여름을 잘 버텨 내야 겨울에 산타클로스가 찾아와 굴뚝으로 선물을 주고 갈 텐데, 산타가 오기 전에 집이 무너지고 굴뚝이 사라질 수도 있으니 걱정이 이만저만이 아닙니다.

적도에서 양쪽 극지방, 그러니까 북극과 남극으로 갈수록 날씨는 더 추워져요. 특히 위도 40° 이상의 지역을 냉대 기후가 나타나는 곳이라고 하는데, 겨울이 춥고 길며 여름이 상대적으로 짧은 특징이 있어요. 이곳에서는 비열이 작은 대륙의 영향을 많이 받아 여름철에는 무덥지만 겨울철에는 상당히 추워 세계에서 연교차[23]가 가장 큰 곳이 자리 잡고 있죠. 비열이란 어떤 물질 1g의 온도를 1℃ 올리는 데 필요한 열량kcal을 말해요. 땅덩어리는 바다보다 비열이 작아 아주 작은 열량에도 쉽게 열을 받고 작은 열만 빼앗아도 쉽게 열을 내리죠. 간단하게 설명하면 다혈질의 성격을 가진 땅덩어리는 사소한 장난에도 화를 내지만, 조금만 기분을 풀어 주면 언제 그랬냐는 듯 기분이 매우 좋아지는 것과 같아요. 앞서 세계에서 가장 추운 곳으로 설명했던 러시아의 오이먀콘도 냉대 기후에 속한 비열이 매우 작은 대륙의 중심에 있는 지역이랍니다. 그래서 겨울철에 극지방보다 열을 적게 빼앗겼음에도 불구하고 훨씬 기온이 낮죠. 다만 냉대 기후 지역은 짧은 여름철이지만 10℃ 이상의 따뜻한 날씨 덕분에 나무가 자랄 수 있어 세계적으로 울창한 숲을 형성하는데, 뾰족뾰족한 침과 같은 잎들로 온통 뒤덮인 침엽수림이 바로 이곳에서 볼 수 있는 경관 중 하나예요. 이를 '타이가'라고 부르지요.

냉대 기후보다 더 북쪽으로 올라가면 지구상의 가장 마지막 기후인 한대 기후 지역이 나타납니다. 이곳은 지구상의 끝부분인 극지방이나 그 주변 지역, 일부 높은 산지에 분포하는 기후로 기온이 매우 낮아 나무조차 자라기 힘들어요. 그래서 한

---

23) 1년 동안 측정한 기온, 습도 등의 최댓값과 최솟값의 차이.

대 기후에 사는 사람들은 기온이 일시적으로 영상으로 올라가는 짧은 여름 동안 자라는 풀이나 이끼를 활용해 생활하고 있어요. 대표적으로 화장실을 이용한 후에 이끼를 사용해 뒤처리하거나 설거지할 때도 이끼를 사용하죠. 여성들의 생리대 또한 이끼를 사용할 만큼 이들에게 이끼는 떼려야 뗄 수 없는 필수적인 물건이랍니다. 하지만 이끼가 자라는 시간도 잠시, 일 년 중 대부분이 눈과 얼음으로 덮인 곳까지 올라가게 되면 더 이상 어떠한 식물도 자랄 수 없는 환경이 되죠.

한대 기후에 살아가는 사람들에게 있어 고민거리는 이것이 전부가 아닙니다. 여름철 일시적으로 기온이 영상으로 올라가면서 겨울철 꽁꽁 얼어 있던 땅이 녹는데, 이때 땅이 녹으면서 집이나 각종 구조물이 기울어지거나 무너져요. 그래서 이곳에 사는 사람들은 자신들이 생활하는 공간이나 중요한 시설물은 지하 깊은 곳까지 기둥을 박아 그 기둥으로 지탱하고 있답니다. 지하 깊은 곳에는 일 년 내내 땅이 얼어 있는 영구 동토층이 있어 지표면의 땅이 일시적으로 녹더라도 기둥이 기울어지지 않도록 지지하기 때문이죠. 또 건물이나 중요 시설물은 땅에서 조금 떨어져서 짓기도 하는데, 이는 땅에서 올라오는 지열 때문에 땅이 쉽게 녹아내리는 것을 막기 위해서예요. 이처럼 아주 추운 곳에 사는 사람들도 그곳에서 살아남기 위해 지혜를 발휘해 그들의 삶의 터전을 유지하고 있답니다. 한대 기

후 지역 사람들에게 인간이 살기 어려운 환경이 주어졌지만, 한편으로는 자연의 선물 또한 많이 내려오기도 했어요. 천사의 영혼이라 불리는 오로라[24]는 한대 기후 지역에서 볼 수 있는 신의 선물이라고 일컬어져요. 그리고 북극해를 중심으로 어마어마한 천연자원이 매장되어 있어 전 세계 사람들의 관심을 집중시키기도 한답니다. 여름철이면 하루 24시간 해가 떨어지지 않는 백야가 나타나 뜬눈으로 밤을 지새우기도 하지만, 오히려 이러한 특성을 살린 백야 축제를 개최해 전 세계의

---

24) 주로 극지방에서 초고층 대기 중에 나타나는 발광 현상.

관광객을 끌어들이기도 하죠.

아무리 사람이 살아가기 어려운 환경이라 하더라도 사람들은 지혜를 발휘해 그곳에서 적응하며 살아갑니다. 우리가 경험하지 못하거나 가지지 못한 다양한 문화와 생활 양식이 존재하고 있죠. 그래서 지리를 알면 더욱 지혜로운 사람이 될 수 있나 봅니다.

✔ **기억해요! 이 개념** | 냉대 기후 지역 중 일부에서는 땅속에 1년 내내 녹지 않는 '영구 동토층'이 있는 곳도 있어요. 이런 지역에서는 봄에 땅이 녹으면서 건물이 기울거나 무너질 수 있어서 특별한 방법으로 집을 지어야 해요.

무더운 사막에서 전기장판을 팔았더니 대박이 났어요

○ 건조 기후

여러분이 상상하는 사막은 어떤 곳인가요? 지평선 너머까지 온통 모래로 가득 차 있는 상상을 하는 친구도 있을 것이고, 무더위로 인해 생명체가 살아갈 수 없는 극한의 모습을 떠올리는 친구도 있을 거예요. 사막은 그만큼 인간이 거주하기 쉽지 않은 곳이죠. 그래서인지 전 세계 인구 밀도[25]를 보았을 때도 극지방만큼이나 사막의 인구 밀도가 매우 낮게 나타나요. 이런 기후를 쾨펜의 기후 구분에 따라 '건조 기후'라고 부르는데, 강수량보다 증발량이 많아 물을 구하기도, 보기도 쉽지 않죠.

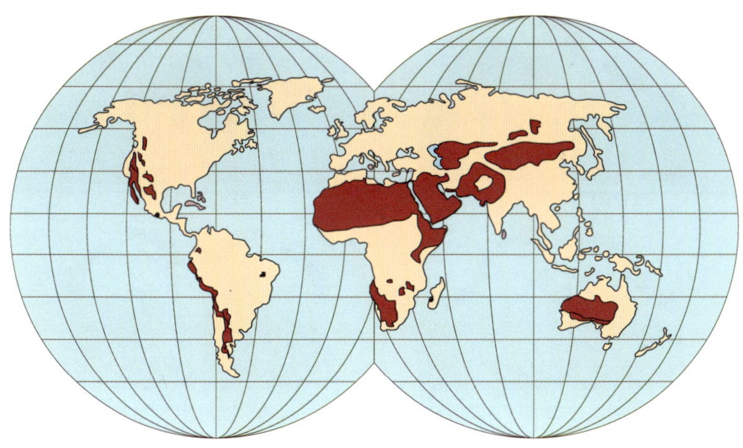

　건조 기후는 세부적으로 약간의 비가 내려 키가 작은 풀이 자라는 스텝[BS] 기후[26)]와 강수가 거의 없어 메말라 있는 땅을 가진 사막[BW] 기후[27)]로 구분할 수 있어요.

　그렇다면 이렇게 비가 적게 내리는 건조 기후는 어디에서 어떻게 만들어지는 것일까요? 비가 오려면 공기가 상승해야 하는데, 공기의 상승과 하강의 원리만 이해한다면 세계적으로 비가 많이 오는 지역과 적게 오는 지역을 구분할 수 있어요. 공기가 아래위로, 즉 수직적으로 움직이는 것을 '대류'라고 하고, 수평적으로 움직이는 것을 '바람'이라고 부릅니다. 공기가

25) 일정 지역 내의 인구를 해당 지역의 면적으로 나눈 수치로 인구의 과밀한 정도를 나타냄.
26) 스텝 지역에 나타나는 기후.
27) 강수량이 적어 식물이 거의 살 수 없는 기후.

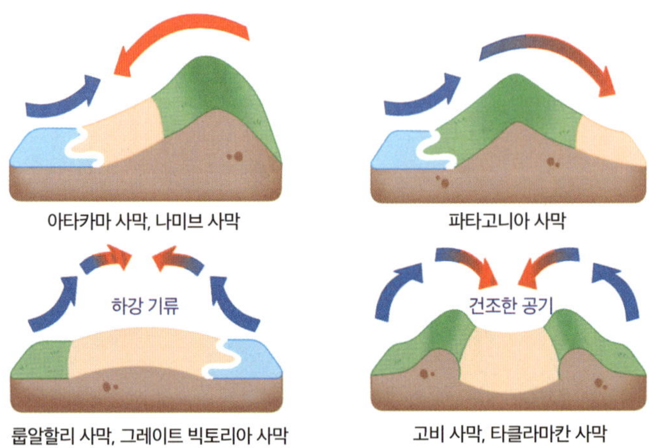

▲ 사막의 형성

수직적으로 움직이려면 공기를 움직이게 하는 힘이 필요한데, 공기는 따뜻하게 데워지면 올라가려는 성질이 있고 차갑게 식으면 내려가려는 성질이 있어요. 즉, 공기가 따뜻하게 데워질 수 있는 환경을 가진 곳에서는 공기가 상승해 구름이 만들어지고 비가 많이 내리지만, 공기가 내려가려는 성질이 있는 곳이나 공기가 올라가기 위한 조건이 갖추어지지 않은 곳에서는 공기가 상승하지 못해 구름이 만들어질 수 없고 비가 내릴 수 없는 것이죠. 사막은 이렇게 공기가 올라가지 못하는 곳에서 만들어집니다. 일 년 내내 공기가 아래로 내려오는 위도 30° 부근의 아열대 고압대에는 세계적인 사막들이 분포해요. 우리가 잘 알고 있는 사하라 사막이나 서남아시아의 룹알할리 사막, 오스트레일리아의 그레이트 빅토리아 사막이 바로 아열대

고기압대로 인해 일 년 내내 공기가 하강하면서 만들어진 사막이죠. 이뿐만 아니라 차가운 바닷물이 흐르는 한류 지역에서는 차가운 공기가 아래로 내려가려는 성질이 있어, 다량의 수증기가 있음에도 불구하고 공기가 상승하지 못해 구름이 만들어지지 않고 비를 내릴 수 없어 사막이 생기기도 해요. 세계적으로 가장 건조한 사막인 칠레의 아타카마 사막, 아프리카 나미비아의 나미브 사막이 바로 차가운 바닷물인 한류로 인해 만들어진 사막이에요. 그 외에 바다와 너무 멀리 떨어져 있어 수증기를 공급받으려고 해도 공급을 받을 수 없는 내륙 깊숙한 곳에서도 사막이 만들어지는데, 고비 사막이나 타클라마칸 사막이 대표적인 사례예요.

이런 건조 기후 지역에서는 풀이나 나무가 성장하는 데 필

요한 물이 절대적으로 부족하기 때문에 식물이 빈약하고 대기
가 건조한 특징이 있어요. 대기의 수증기는 단순히 비를 내리
는 역할뿐만 아니라 일정한 온도를 유지하는 역할도 해요. 수
증기가 부족하다 보니 낮에는 엄청나게 뜨거운 햇볕이 내리쬐
고, 밤에는 지구가 방출하는 열에너지를 모두 통과시키기 때
문에 아주 추워 일교차가 크게 나타나는 특징이 있어요. 그래
서 사막을 떠올렸을 때 극심한 무더위에 지쳐 있는 사람들의
모습은 낮에만 볼 수 있죠. 밤에는 극심한 추위로 인해 사람들
이 외부에서 활동하기 어려울 정도예요. 즉, 하루 최고 기온과
하루 최저 기온의 차이가 가장 크게 나타나는 곳이 건조 기후
지역이에요. 그래서 사막에서 전기장판을 팔 수 있냐는 질문

을 받는다면 그 어떤 지역보다도 많은 전기장판을 팔 수 있다고 대답할 수 있어요. 이런 큰 일교차를 이겨내기 위해 그곳에 사는 사람들은 나름대로 의복 문화를 발달시켜 왔어요. 사막 지역의 전통 의복은 헐렁하게 늘어지는 천으로 온몸을 감싸는 옷이에요. 온몸을 감싸는 옷을 입는 이유는 낮에는 뜨거운 햇볕을 막고 밤에는 추위를 이겨내기 위해서죠. 또 온몸을 감싸는 옷 덕분에 모래바람이나 먼지 등으로부터 피부를 보호할 수도 있답니다.

건조 기후 지역은 인간이 살기에 적합하지 않은 환경이라서 인구 밀도가 낮게 나타난다는 이야길 했었죠. 하지만 이 중에서도 사람들이 많이 모여 사는 곳이 있답니다. 오아시스나 외래 하천[28] 주변에서는 물을 구할 수 있어 사람들이 밀이나 대추야자 등의 농사를 짓고 살아갈 수 있어요. 농사를 지어야 먹고살 수 있으니까 말이죠. 하지만 최근에는 사막 밑을 흐르는 지하수를 위로 끌어올려 그곳에서 농사를 짓고 살아가는 사람들도 늘어나고 있고, 바닷물의 염분을 제거하는 해수 담수화 프로젝트를 통해 물이 부족한 지역에 물이 공급되고 있어 점점 사람들이 살아가기에 적합한 환경으로 바뀌어 나가고 있답니다.

---

28) 습윤한 지역에서 만들어진 하천이 건조한 지역을 통과해 흐르는 것을 말하며, 대표적으로 이집트의 나일강이 있음.

완전히 건조한 지역인 사막 주변의 스텝 기후 지역에서는 가축을 데리고 이동하면서 유목 생활을 하는 사람들도 있는데, 이들은 물과 신선한 풀을 찾아 계속해서 이동하며 살아가죠. 몽골의 게르와 같은 전통 가옥은 이동이 많은 사람들을 위해 만들어진 집으로 언제든 짓고, 해체할 수 있는 특징이 있어요. 우리가 주변에서 흔하게 볼 수 있는 텐트가 몽골의 게르를 모티브로 한 이동식 가옥이라고 생각하면 돼요.

이 지역은 또 많은 비로 인해 토양에 좋은 유기물이 손실되는 것이 극히 적기 때문에 토양 자체가 엄청 비옥한 편이에요. 즉, 농사를 잘 지을 수 있는 조건을 가지고 있다는 뜻인데, 이를 활용해 북아메리카 일부 지역에서는 밀이나 옥수수, 목화 등을 대규모로 재배하는 농업이 발달하기도 해요.

살기 힘든 환경 조건에 있더라도 사람들은 적응을 위해 항

상 노력하고 거기에 맞는 새로운 생존 방법을 개발해요. 결국 다양한 문화란 서로 다른 환경에 처해 있는 사람들이 만들어 낸 작품이죠. 우리가 살고 있는 세상이 다양할수록 우리는 더 많은 것을 느끼고 배울 수 있답니다.

✔ **기억해요! 이 개념** ┃ 사막은 강수량보다 증발량이 많아 매우 건조해요. 대기 중의 수증기는 기온을 일정 수준 유지하는 데 도움을 주는데 사막에는 수증기가 없어 낮에는 태양이 보내는 열을 그대로 받아 덥고, 밤에는 지구가 방출하는 열을 모두 통과시켜 매우 춥습니다.

전 세계 인구의 절반 이상이
아시아에 있는 건 날씨 때문이에요

◉ 온대 기후

지난 2022년 11월 전 세계 인구가 80억 명을 돌파했습니다. 단순히 80억 명이라는 엄청난 인구가 지구에 살고 있다는 것보다는 10억 명의 인구가 늘어나는 데 단 11년밖에 걸리지 않았다는 점이 더욱 시선을 끌었죠. 의료 기술이 발달하면서 사람들의 수명이 늘어난 것도 있고, 영양 보급이 원활해진 것도 한몫했어요. 하지만 세계 인구를 절대적인 수로 보는 것만으로는 인구의 구성이나 분포를 파악하는 데 한계가 있어요. 그래서 조금 더 세밀하게 인구가 어떻게 분포하는지 살펴봐야 해요. 전 세계 80억 명 중 아시아에 얼마나 많은 사람이 살고

있는지 알면 그 이유에 대해 지리적으로 해석해 볼 수 있답니다. 그렇다면 아시아에는 얼마나 많은 사람이 살고 있을까요?

2024년 기준 인도는 전 세계에서 가장 많은 인구를 보유한 국가입니다. 약 14억 5천만 명의 인구가 인도에 살고 있죠. 그다음 중국이 약 14억 2천만 명으로 인도 뒤를 쫓고 있어요. 세계에서 가장 많은 사람이 사는 나라라고 하면 아주 오랫동안 중국이 그 명성을 지키고 있었지만, 이제 더 이상 중국은 그 명성을 얻기 쉽지 않아 보여요. 인도는 여전히 높은 출생률을 바탕으로 30세 미만의 인구가 많은 반면, 중국은 국가에서 시행한 강력한 출생 제한 정책으로 인구 증가가 정체되고 있기 때문이죠. 어쨌든 두 나라에 약 28억 명의 인구가 산다고 하니, 아시아에 얼마나 많은 사람이 사는지 직감할 수 있어요. 그 외에 인도네시아에 약 2억 8천만 명, 파키스탄에 2억 5천만 명, 방글라데시에 1억 7천만 명이 살고 있어요. 인구가 1억 명이 넘는 아시아 국가로는 일본과 필리핀 그리고 베트남이 있답니다. 인도부터 중국, 인도네시아, 파키스탄, 방글라데시, 일본, 필리핀, 베트남 8개 국가의 인구를 합한 숫자만 해도 무려 38억 명으로 전 세계 인구의 절반에 약간 못 미치는 인구예요. 그 외 남은 아시아 국가의 인구를 전부 합하면 약 47억 명 정도가 되는데, 이는 전 세계 인구의 50%가 훌쩍 넘는 인구가 아시아에 몰려 있다는 것을 의미해요. 그렇다면 아시아에는 어떤 이유로 이렇게 많은 인구가 살고 있는 걸까요? 또 이 많은 인구를 살 수 있도록 한 것은 무엇일까요? 그 해답은 바로 아시아 사람들의 주식인 쌀에 있답니다.

아시아 대륙에서 인구가 많이 밀집한 동북아시아, 남아시아, 동남아시아 등은 계절풍 기후의 특성이 나타납니다. 계절풍은 계절에 따라 바람의 방향이 바뀌는 것을 의미하는데, 여름에는 해양에서 불어오는 계절풍의 영향으로 기온이 높고 강수량이 많지만, 겨울에는 대륙에서 불어오는 계절풍의 영향으로 기온이 낮고 상대적으로 강수량이 적은 편이죠. 우리는 이러한 기후를 두고 온난 습윤 기후 또는 온대 겨울 건조 기후로 구분하기도 해요. 이러한 기후의 특징을 가진 아시아는 유럽 국가보다 기온의 연교차가 크고, 연 강수량이 많으며, 강수량의 계절적 차이가 크다는 특징이 있어요. 그래서 여름에 높은 기온과 많은 비를 바탕으로 벼농사가 활발하게 이루어질 수 있는 것이죠.

벼가 자라기 위해서는 고온 다습한 환경이 필요해요. 유럽의 서안 해양성 기후나 지중해성 기후는 이 조건을 충족하지 못해 벼농사가 어렵지만, 아시아의 인구 밀집 지역은 이러한 조건을 가지고 있답니다. 심지어 동남아시아나 남아시아 일부 지역에서는 일 년에 벼농사를 두 번이나 할 정도라고 하니, 자연적 조건을 바탕으로 벼의 생산을 어느 대륙보다도 많이 할 수 있는 특징을 가지고 있는 것이죠. 벼는 밀이나 옥수수와 같이 주식이 되는 작물과 비교해 인구 부양력[29]이 매우 높은 작물이에요. 즉, 같은 면적의 농사를 짓더라도 훨씬 더 많은 인구를 먹여 살릴 수 있다는 뜻이죠. 하지만 자연적 조건에 의해 만들어진 벼농사 문화는 단순히 인구 부양력을 높이는 것을 넘

어 아시아 지역의 독특한 가족 문화를 만들어 내기도 했답니다. 벼농사는 다른 농사에 비해 사람의 손이 많이 필요한데, 가족의 수가 많을수록 농사를 더 크게, 더 많이 지을 수 있다는 뜻이죠. 아시아 국가에서는 농사를 지을 수 있는 노동

---

29) 한 지역의 인구 수용 정도에 대한 능력.

력을 또 다른 재산과 같이 취급했기 때문에 자식을 많이 낳는 것을 매우 중요하게 생각했답니다. 우리나라가 과거에 대가족을 이룰 수 있었던 것도 바로 이런 벼농사 문화와 연결이 되어 있어요. 벼농사를 통해 많은 인구를 부양할 수 있고, 또 그 인구를 부양하고 벼를 많이 생산해 내기 위해서는 많은 인구가 필요하니 자연스럽게 아시아 국가에 인구가 많을 수밖에 없었던 것이죠. 결국 아시아에 이렇게 많은 인구가 살게 된 것도 기후의 영향이라고 볼 수 있어요.

아시아에는 기후의 영향으로 인구가 많은 것뿐만 아니라 다양하고 독특한 문화가 발달하기도 했어요. 대표적으로 계절풍이 부는 지역에서 많이 생산되는 차는 아시아의 대표적인 작물입니다. 우리가 잘 알고 있는 녹차나 홍차 등이 모두 아시아를 원산지로 하고 있죠. 차 재배의 필수 조건인 온화한 기온과 많은 강수량이 아시아의 특징이니까요. 그렇다고 아시아 지역의 기후에 장점만 있는 것은 아니에요. 아시아는 계절별로 강수량 차이가 큰 편인데, 상대적으로 비가 많이 내리는 계절인 여름에는 홍수의 위험이 커

요. 방글라데시 일부 지역은 일 년에 3~4개월을 물에 잠긴 채 살아가야 하기도 하죠. 반대로 비가 적게 오는 겨울철에는 극심한 가뭄을 겪어 문제가 되기도 한답니다. 그래서 아시아 지역은 다른 지역보다 훨씬 많은 댐을 건설해 물을 안정적으로 확보하고 공급하기 위해 노력해 왔어요.

우리가 살고 있는 것의 아주 작은 부분도 지리와 영향을 주고받고 있어요. 어디에 인구가 많이 분포하고 어디에 인구가 적게 분포하는지도 결국은 지리 요소가 어떻게 구성되어 있는지에 따라 결정된 것이죠. 우리에게 있는 봄, 여름, 가을, 겨울은 결국 다양한 환경에서 다양한 문화를 꽃피울 수 있는 최고의 선물이 아닐까요?

✔ **기억해요! 이 개념** | 아시아 지역 대부분은 온대 기후 지역이기 때문에 벼농사를 짓기에 완벽한 환경이에요. 벼는 생산하는 과정에서 많은 노동력을 필요로 하지만, 한편으론 많은 사람들을 먹여 살릴 수 있는 자원입니다. 그래서 아시아는 벼농사가 발달하면서 자연스럽게 인구도 많은 대륙이 되었지요.

강물이 흘러 바다로 가면서
그 흔적들을 곳곳에 남겨 두었어요

○ 하천 지형

우리가 살고 있는 이 땅의 큰 변화는 지구 내부의 힘으로 이루어집니다. 우리는 이런 힘을 '지구의 내적 작용'이라고 해요. 지구 내부에 있는 맨틀[30]이 위아래로 순환하며 움직이면서 지구를 구성하는 대륙판[31]이 이동을 하죠. 이동하는 과정에서 판과 판이 부딪히기도 하고 갈라지기도 하면서 큰 지형들을 만들어 내는데, 이런 지형을 '대지형'이라고 불러요. 세계에서 가장 높은 산은 에베레스트산인데, 이 산을 품은 히말

---

30) 지구 내부의 핵과 지각 사이에 있는 부분.
31) 지구 표면을 구성하는 십여 개의 암석으로 된 판.

라야산맥처럼 높고 험준한 산지부터 드넓은 평야와 해안에 이르기까지 이 모든 것들이 지구의 내적 작용으로 만들어지는 지형들이에요. 하지만 내적 작용으로 만들어진 큰 지형은 처음 만들어진 모습 그대로 있지 않고 끊임없이 깎이고 쌓이는 과정을 거쳐요. 즉, 지구의 내적 작용으로 만들어진 대지형에 어떤 조각가가 나타나 조금씩 다듬는 과정을 거치는 것이죠. 이렇게 지구의 높고 낮음을 줄이고 점점 평평한 땅으로 만드는 과정을 '지구의 외적 작용'이라고 부른답니다. 외부의 어떤 힘으로 인해 지구의 모습이 바뀐다고 이해하면 쉬울 거예요. 이런 외적 작용에 영향을 미치는 다양한 요소들 중에 우리 주변에서 흔하게 볼 수 있는 하천에 대해 알아봐요. 우리가 강이라고 부르는 하천은 도대체 어떻게 지구를 더 예쁘고 아기자기하게 다듬는 걸까요?

　강물이 이동하면서 강바닥을 깊게 깎아 주변의 산지는 상대적으로 높은 상태를 유지하고 강물이 흐르는 물길은 깊은 곳까지 내려가 있는 것을 '협곡'이라고 해요. 세계적으로 유명한 미국의 그랜드 캐니언은 콜로라도강이 오랜 시간 동안 깎아서 만든 자연의 작품이죠. 단순히 아래로만 깎아 내려가는 것이 아니라 물길을 바꾸는 과정에서 옆으로 깎는 힘도 작용해 물길을 넓히거나 바꾸기도 한답니다. 또 강물은 이렇게 깎는 힘만 있는 것이 아니라 자신들이 깎은 것을 운반하는 힘도 있어요. 깎는 힘을 '침식'이라고 하고, 깎인 것이 어딘가에 쌓이는 것을 '퇴적'이라고 부르죠. 운반을 하다 더 이상 운반할 만한 힘이 없을 때 그것을 내려놓는 것이 바로 퇴적이에요. 강물이 높은 곳에서는 지형을 계속 깎으며 내려가고, 낮은 곳에 가서는 운반해 간 흙을 계속 쌓으니 결국은 지구의 내적 작용으로

만들어진 험준한 지형들은 점점 평탄화되는 과정을 거치게 되는 거랍니다.

경사가 급한 하천의 중·상류 지역에서는 아래로 깎을 수 있는 공간이 더 많이 남아 아래로 침식하는 힘이 활발하게 이루어집니다. 그래서 주변 산지는 높게, 중심의 하천은 낮게 흐르는데 이렇게 흐르는 하천을 '감입 곡류 하천'[32]이라고 하지요. 감입 곡류 하천 주변에는 하천이 물길을 조금씩 옆으로 옮기면서 과거에 물이 흘렀던 공간이 마치 계단처럼 만들어지기도 하는데, 이런 계단 모양의 지형을 '하안 단구'[33]라고 불러요. 하안 단구는 흐르는 물보다 높은 곳에 있어 침수의 피해가 적기 때문에 사람들이 집을 짓거나 농경지로 활용했답니다.

---

32) 강 상류에서 구불구불한 골짜기를 이루며 흐르는 하천.
33) 하천의 흐름을 따라 생긴 계단 모양의 지형.

• 하중도(河中島): 하천 중간에 위치한 섬으로 서울특별시의 여의도가 대표적이다.

하천의 중·하류로 내려가면 바다와 점점 가까워지면서 주변에 높은 산지보다 넓은 평야가 나타나요. 그래서 평야 위를 구불구불 자유롭게 흐르는 하천이 만들어지는데, 이를 '자유 곡류 하천'이라고 부릅니다. 자유 곡류 하천은 바다와 가까이 있기 때문에 아래로 깎을 수 있는 공간이 부족해요. 하천이 흘러 결국 바다로 가는데, 하천이 바다보다 더 깊이 파여 있다면 하천이 바다로 가지 못하고 오히려 바닷물이 하천으로 들어오는 일이 일어나겠죠? 그래서 아래로 깎는 침식보다 주변에 평야가 있어 옆으로 깎는 침식이 활발하게 이루어져요. 이렇게 옆이 깎이는 침식이 이루어지는 과정에서 물길을 자유자재로 바꾸면서 과거에 물이 흘렀던 곳이 더 이상 물이 흐르지 않는 구하도[34]를 쉽게 볼 수 있어요.

하천이 상류부터 바다 가까이 오면서 깎아온 물질들을 어떤 특정한 장소에 쌓아 놓기도 하는데 이를 하천의 퇴적 작용이라고 합니다. 산꼭대기에서 만들어진 하천이 아래로 흘러 내려오다 산지와 평야가 만나는 곳에 도착하면 갑자기 강물의 속도가 줄어들어요. 이때 자신들이 깎아 내려오던 것을 경사가 급변하는 곳에 내려놓죠. 이렇게 만들어진 지형을 마치 부채 모양으로 생긴 땅이라고 해서 '부채 선扇, 모양 상像, 땅 지地'의 한자를 써 '선상지'라고 불러요. 선상지에서 한번 퇴적을 시키고 온 강물은 하류를 향해 흐르다 평평한 평야를 만나게 되죠. 이때 태풍이나 장마처럼 많은 비가 내리면 강물이 둑을

---

34) 예전에 물이 흘렀던 길이라는 뜻으로 하천이 흘렀지만 현재는 흐르지 않는 땅.

넘쳐 흐르게 되는데, 물이 넘칠 때 깎아온 물질들이 하천 주변으로 쌓이죠. 이런 지형을 '범람원'이라고 부릅니다. 범람원은 '넘칠 범氾, 퍼질 람濫, 들판 원原'의 한자어예요. 즉, 물이 넘치면서 넘친 물에 있는 침식 물질이 널리 퍼지며 만들어진 들판이라는 뜻이죠. 마지막으로 강물이 바다를 만나면 염분을 포함한 무거운 바닷물 앞에 가벼운 하천이 더 이상 앞으로 나아가지 못하고 멈추는데, 이때 자신들이 가지고 온 침식 물질을 다 내려놓으면서 '삼각주'라는 지형이 만들어져요. 삼각주는 삼각형 모양의 땅이란 뜻인데, 과거 이집트 나일강 하류에 만들어진 지형이 마치 삼각형 모양을 닮아 유래한 말이에요. 그리스 문자의 델타Delta 대문자△가 나일강 삼각주와 형태가 매우 유사해서 붙여진 이름이죠. 그 이후 나일강 하류처럼 바다를 만난 강물이 침식물을 모두 내려놓아 만들어진 지형을 삼각주라고 부르고 있습니다.

　우리가 살고 있는 이 땅 어디든, 자연의 신비와 지리의 힘이 닿지 않은 곳이 없을 만큼 지리는 우리 주변과 삶에 큰 영향을 끼쳤어요. 이젠 우리 주변에 흐르는 강물만 보더라도 '아! 이건 지리책에서 배운 내용이야.'라고 말할 수 있겠죠?

✔ **기억해요! 이 개념** | 하천은 주변 지형을 깎기도 하지만 주변에 빈 곳을 채워 넣어 평평한 땅을 만들어 내기도 합니다. 이 과정에서 감입 곡류 하천, 자유 곡류 하천과 같은 지형을 만들기도 하고 선상지, 범람원, 삼각주 등의 지형이 만들어지기도 하죠.

파도는 어떻게 세계적으로 아름다운 조각품을 만들어 놓았을까요?

흐르는 강물이 만들어 놓은 육지의 아름다운 지형들을 보고 있으면, 물이 얼마나 큰 힘을 가졌는지 실감할 수 있습니다. 하지만 지구에는 우리가 살고 있는 육지에만 물이 있는 것이 아니에요. 지구 전체 물의 양에서 육지에 있는 물은 고작 2.5%에 지나지 않아요. 그럼 나머지 97.5%는 어디에 있을까요? 바로 바다에 있습니다. 우리가 살고 있는 지구의 물은 대부분 바다에 있고, 바다의 물은 다양한 에너지를 가지고 인간 생활에 많은 영향을 끼쳐요. 우리가 여름철에 가는 해수욕장도 바다의 힘이 만들어 놓은 작품이죠. 바다는 때때로 육지와 섬을 연결

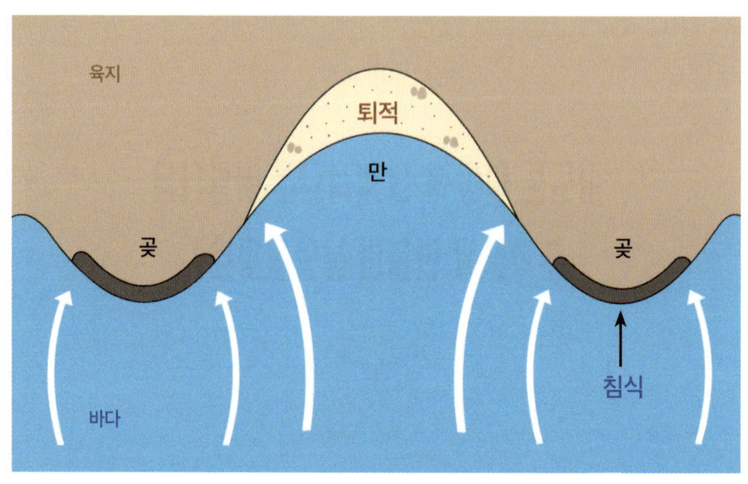

하기도 한답니다. 그렇다면 바다의 어떤 힘이 지형을 아름답
게 조각하는지 한 번 알아볼까요?

　육지를 기준으로 바다 쪽으로 돌출한 부분을 '곶'이라고 부
르고, 육지 쪽으로 후퇴한 부분을 '만'이라고 합니다. 바람의
에너지가 바닷물의 움직임을 만들어 내고 이 움직임이 결국
육지까지 도달하게 되는데, 육지에 도달하는 바닷물의 움직임
을 우리는 '파도'라고 부르죠. 먼바다에서 밀려오는 파도가 육
지에 도달할 때는 바다 쪽으로 돌출되어 있는 곶에 먼저 부딪
히고, 그다음 만에 도착하게 돼요. 우리가 놀이공원에서 범퍼
카를 타면 가장 먼저 부딪힐 때가 충격이 제일 강하고 두 번째,
세 번째 부딪힐 땐 서서히 힘이 약해져 결국 타고 있는 범퍼카
가 멈추는 경험을 해 보았을 거예요. 마찬가지로 파도는 곶에

▲ 파도의 침식 작용으로 인한 해안가 모습

서 가장 강하게 부딪히고 서서히 약해져 결국 만에 도달하게 되죠. 앞서 하천에서 배웠듯 강하게 부딪히는 부분에는 깎이는 힘인 침식이 발생하고, 힘이 떨어지면 쌓이는 힘인 퇴적이 발생했죠. 이는 바닷가에서도 똑같이 나타나요.

바다로 돌출한 곳에서는 파도의 침식 작용이 활발해서 주로 암석으로 구성된 암석 해안이 발달합니다. 파도가 해안 절벽의 아랫부분을 열심히 깎다 보면, 결국 아랫부분이 안쪽으로 깊숙이 뚫리게 됩니다. 이를 우리는 해안 동굴, 다른 말로 바다가 침식해 만든 동굴이라 해서 '해식동'이라고 부르죠. 이렇게 만들어진 해식동의 깊이가 깊어질수록 위쪽에 있는 해안 절벽의 무게를 결국 감당하지 못해 무너지는데, 자연스럽게 바다에 돌출된 곳이 육지 쪽으로 후퇴하게 됩니다. 해식동이 무너져 다시 해안에 절벽이 만들어지면 과거 해안 절벽이 있었던 땅은 낮고 평평한 상태를 유지하는데, 이런 지형을 파도가 침식해서 만든 평평한 땅이라 해서 '파식대'라고 불러요. 이렇게 계속해서 해식동이 만들어지고 무너지고, 파식대가 넓어지는 과정에서 갑자기 아주 강한 성질을 가진 암석이 나타나게 됩니다. 파도가 아무리 강하게 부딪혀 공격해도 꿈쩍도 하지 않는 강한 암석은 결국 끝까지 살아남죠. 계속해서 육지 쪽으로 후퇴하는 곳 앞에 혼자 덩그러니 서 있게 되는데, 이 바위를 바로 '시스택sea stack'이라고 합니다. 오스트레일리아 남부 그레이트오션로드는 앞서 말한 해식동, 파식대 그리고 시스택을 모두 볼 수 있는 대표적인 관광지이죠. 파도가 이렇게 열심히 바닷가를 조각하고 있을 때 지구 내부의 힘인 내적 작용

이 발생하면 땅이 솟아오르는데, 이때 파식대는 평평한 상태로 땅이 올라가 높은 곳에 있게 되죠. 이렇게 육지와 바다가 만나는 곳에서 높은 산 위에 평평한 땅이 만들어지면 지구의 내적 작용과 외적 작용이 함께 만들어 놓은 독특한 지형이 나타나는데, 이 지형을 해안가에 있는 계단 모양의 땅이라 해서 '해안 단구'라고 부른답니다.

이제까지 파도가 열심히 깎아 놓은 아름다운 조각들을 살펴보았으니, 이번엔 파도가 빚어 놓은 아름다운 조각을 한번 살펴볼까요? 파도의 에너지가 곶에서 강하게 부딪히다 보니 그 힘이 약해져 육지 쪽으로 후퇴한 만에서는 큰 힘을 발휘하지 못해요. 결국 곶에서 깎은 물질을 만에 가서 쌓게 되는데, 이렇게 쌓인 물질로 인해 만에는 모래 해안이 만들어집니다. 우리가 여름철 해수욕장에 가서 밟는 모래가 바로 이곳에서 공급된 것이죠. 해수욕장이라고 부르는 이 지형을 지리학에서는 '사빈'이라고 합니다. '모래 사沙, 물가 빈濱', 즉 물가에 있는 모래라는 뜻에서 붙여진 이름이랍니다. 사빈에 쌓인 모래가 바람에 날려 사빈 뒤쪽으로 이동하다 해안가에 사는 식물이나 지형에 부딪혀 높게 쌓이게 되는데, 이런 지형을 모래가 만든 언덕이라는 뜻에서 '모래 사沙, 언덕 구丘', 즉 '사구'라는 이름으로 불러요.

이렇게 바다에서도 파도가 만든 에너지의 영향에 따라 다양한 지형들이 만들어지는데, 인간은 자연이 만들어 놓은 이런 지형에 순응하기도 하고 자연을 활용하기도 하며 살아가죠. 과거 해안가는 물고기를 잡고 주변 평야는 농사를 짓는 땅으로 활용되었다면, 현재는 육지와 바다를 연결하는 장점을 활용해 무역항이나 공업 지역을 만들기도 한답니다. 외국에서 원료를 사오고, 그 원료를 가공해 만든 제품을 판매하기 위해서는 항구나 공장이 해안가에 있을 때 가장 유리하기 때문이죠. 또 국토 면적이 좁은 나라에서는 수심이 얕은 일부 바다를 매립하여 땅을 만들기도 하는데, 우리는 이러한 지역을 '간척지'라고 불러요. 하지만 이런 간척지로 인해 생태계의 교란이 발생하거나 해양 오염이 심화되는 등의 환경 문제가 발생해 최근에는 간척지를 원래의 땅으로 되돌리는 역간척 사업이 진행되기도 한답니다.

많은 사람들이 바다를 보며 심리적 안정을 찾거나 스트레스를 풀기 위해 여행을 떠나면서 해안가에 각종 휴양 시설도 늘어나고 있어요. 하지만 무분별하게 건설되는 휴양 시설로 인해 바다가 만들어 놓은 아름다운 작품들이 무너지거나 파손되기도 하죠. 인간과 자연이 앞으로 지속적으로 함께 살아가기 위해서는 자연의 작품을 존중해 주고, 자연과 함께 공존할 수 있는 방법을 찾아야 할 거예요. 결국 이 문제를 해결하고 해답을 찾을 수 있는 건 지리적 지식이 풍부한 여러분이랍니다.

바다로 돌출된 육지를 '곶'이라고 불러요. 곶은 파도를 가장 먼저 맞기 때문에 강한 에너지로 인한 침식 현상이 뚜렷하죠. 반대로 육지 쪽으로 움푹 들어간 곳을 '만'이라고 하는데, 만에는 파도의 에너지가 약하게 영향을 끼쳐 깎는 힘보단 쌓는 힘이 강해 퇴적 현상이 나타납니다.

똑같은 동굴이지만 모양이
완전히 다른 이유는 무엇일까요?

우리 눈에 보이는 다양한 지형들은 그 모양이나 색깔이 명확하여 보는 사람들의 호기심을 더는 자극하지 않지만, 땅속에 있는 숨어 있는 지형들은 사람들의 호기심을 자극하기에 충분해요. 또 어떤 특정한 지역에서만 볼 수 있는 독특한 경관은 사람들의 발걸음을 잡기도 하죠. 그래서 어떤 사람들은 땅이나 바다 깊은 곳을 탐험하거나 신비로운 지형을 찾아가기 위해 생명을 담보로 활동하기도 한답니다. 흔하지 않지만 매력적이고, 닿기 어렵지만 찾아가고 싶은 화산 지형과 카르스트 지형에 대해 한번 알아보죠.

화산 지형은 지하 깊은 곳의 마그마와 가스가 지각의 틈을 통해 땅 위로 분출되는 과정에서 만들어지는 지형이에요. 우리나라의 제주도, 백두산, 울릉도, 독도뿐만 아니라 미국의 하와이, 유럽의 아이슬란드 등이 화산으로 만들어진 대표적인 지형이에요. 지구를 구성하고 있는 판이 서로 부딪히거나 갈라지는 과정에서 지하의 마그마가 분출되는데, 이때 서로 성질이 다른 두 개의 판이 부딪혀야 화산 활동이 일어난답니다. 대륙판과 대륙판이 부딪히면 서로 밀도가 비슷해 어느 한쪽이 다른 쪽을 밀어내거나 들어가지 못하고 높은 산맥을 만들어요. 세계에서 가장 높은 산이 있는 히말라야 산맥은 인도-오스트레일리아판과 유라시아판, 이 두 개의 대륙판이 부딪히면서 만들어진 지형이죠. 하지만 대륙판과 해양판이 서로 부딪히면 무거운 해양판이 대륙판 밑으로 밀려들어 가면서 지진과 함께

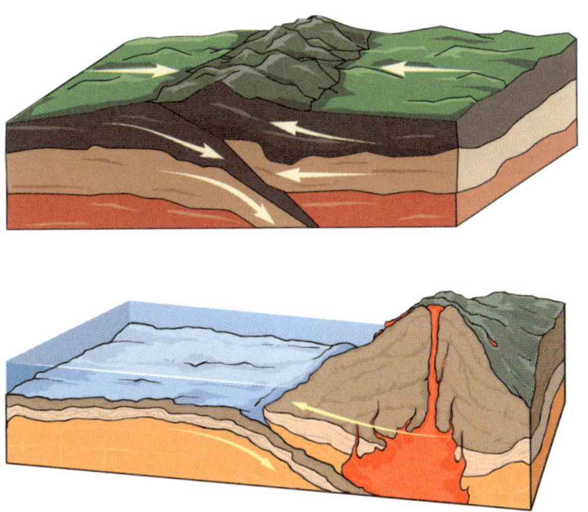

활발한 화산 활동이 일어나요. 태평양을 중심으로 큰 동그라미 모양의 화산대가 존재하는데 우리는 이 화산대를 '환태평양 조산대'라고 부릅니다. 이 환태평양 조산대는 해양판인 태평양판이 대륙판인 유라시아판, 북아메리카판, 남아메리카판, 인도-오스트레일리아판과 부딪히면서 지진이나 화산이 자주 발생하는 지역을 말해요. 이곳은 1년에도 몇 번씩 지진이나 화산 활동이 일어나 '불의 고리'라고 불리기도 한답니다.

이렇게 분출한 지하의 마그마가 만들어 내는 큰 산을 화산이라고 하고, 우리나라의 백두산과 한라산이 화산의 대표적인 사례이죠. 이 외에도 일본의 후지산, 아프리카 탄자니아의 킬리만자로산, 이탈리아의 베수비오산이 세계적인 화산으로 유명해요. 화산이 만들어지는 과정에서 지하의 마그마가 분출되는 통로가 생기는데, 이것이 시간이 지나 무너지면 화산 정상의 중심부에 움푹 파인 지형이 만들어져요. 이렇게 화산 정상의 중심부가 움푹 파인 땅을 '칼데라'라고 부르는데, 여기에 물이 가득 차 있으면 칼데라 호수라고 합니다. 백두산 천지 중심부에 깊고 넓은 호수가 있으니 이

것이 바로 칼데라 호수예요. 또 땅 위로 분출된 마그마가 흘러 바다로 가게 되면 차가운 바닷물과 뜨거운 마그마가 부딪혀 순식간에 마그마가 팽창하며 식게 됩니다. 워낙 빠른 시간 내에 뜨거운 마그마가 식으면서 고체 상태가 되기 때문에 육각형 기둥 모양의 독특한 지형이 만들어지기도 하죠. 이렇게 만들어진 지형을 기둥 모양의 지형이라고 해서 '기둥 주柱, 모양 상狀', 즉 '주상절리'라고 불러요. 이렇게나 많은 독특한 지형을 이야기했지만 화산 지형에서 볼 수 있는 또 다른 지형이 있어요. 바로 '용암 동굴'입니다.

마그마가 땅 위에서 낮은 곳 또는 바다로 향하는 과정에서 공기와 접촉하는 위쪽은 식어 고체 상태가 되지만, 그 아랫부분의 마그마는 공기와 접촉하지 않아 계속해서 흐르게 돼요. 그리고 마그마의 분출이 끝나면 결국 공기와 접촉한 부분은 굳어 지형이 되고 그 아랫부분은 마그마가 지나간 후 텅 비어 있게 되죠. 결국 땅속에 동굴이 만들어지는데, 이 지형이 바로 '용암 동굴'이랍니다.

독특하고 아름다운 지형은 또 있습니다. 바로 카르스트 지

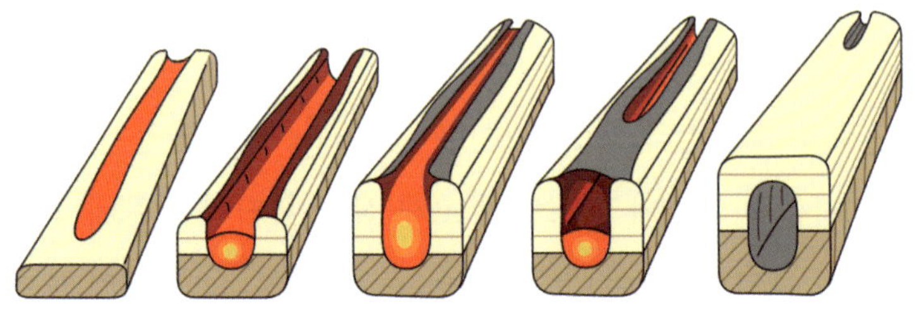

▲ 용암 동굴의 형성 과정

형인데, 슬로베니아의 지역인 카르스트Karst를 따서 만든 이름이에요. 슬로베니아 카르스트 지역의 기반암[35]은 석회암인데, 이 지역의 기반암에 다양한 지형들이 만들어져 지역의 이름을 그대로 가져온 거예요. 석회암은 땅을 구성하는 여러 가지 성분 중 칼슘^{Ca}의 비율이 높은 암석으로, 산호와 같이 바닷속 작은 생물이나 바다에 녹아 있는 석회질 물질이 가라앉아 쌓여 만들어진 암석이에요. 그래서 석회암이 있는 지역은 과거에 바다 상태였다는 것을 추측할 수 있답니다. 석회암을 구성하고 있는 탄산칼슘^{CaCO_3}은 빗물이나 이산화 탄소가 함유된 지하수에 잘 녹는 성질이 있어요. 그래서 지하에 흐르는 지하수가 석회암의 아랫부분을 녹이며 땅 아래에 공간을 만들어 놓는데, 이 공간을 '석회 동굴'이라고 부릅니다. 용암 동굴과 마

118

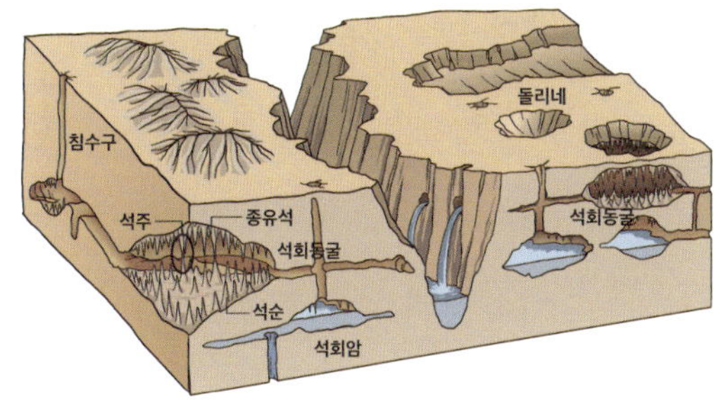

찬가지로 석회 동굴도 땅 아래에 있는 공간이지만 그 생김새는 완전히 달라요. 용암 동굴은 마그마가 흐르고 지나간 통로이기 때문에 동굴의 내부가 완전히 비어 있어요. 그러나 석회 동굴은 동굴이 만들어지고 그 위에 있는 석회암이 다시 물에 녹아 동굴 안으로 들어와 떨어지면서 천장에 붙어 있는 종유석, 바닥에서 올라오고 있는 석순 그리고 이 둘이 만나 석주가 만들어집니다. 즉, 석회 동굴 내부는 용암 동굴과 다르게 수많은 기둥이 바닥과 천장에서 올라오거나 내려오고 있어요. 똑같은 동굴이지만 그 내부의 모습이 완전히 다르게 나타나는 것이죠. 또 석회암 지역에서 동굴이 만들어지면서 가끔 동굴 윗부분의 무게를 이기지 못하고 땅이 무너져 내리며 움푹 파인 땅이 생기기도 하는데, 이런 지형을 '돌리네'라고 불러요.

화산 지형과 카르스트 지형은 경관이 독특해 관광 자원으로

많이 활용되고 있죠. 하와이는 세계에서 가장 많은 사람들이 찾는 휴양지이고, 터키의 파묵칼레는 석회암 하나로 전 세계 많은 여행객을 모으고 있을 정도니까요. 이렇게 자연의 힘으로 만들어진 아름답고 독특한 지형들이 많은 사람들의 발길을 모으고 있으니, 이런 지형들을 가진 것만으로도 지리의 축복을 받은 땅이라고 할 수 있답니다.

용암 동굴은 마그마가 지나가는 과정에서 공기가 접촉한 면은 땅이 되고, 통과한 부분은 텅 비며 만들어지는 지형입니다. 반대로 석회 동굴은 지하수가 석회암을 녹여 공간을 만들고 그 공간이 다시 채워져 만들어진 지형이죠.

자연이 우리 삶을 결정할까요?
우리가 자연을 활용할까요?

● 환경 결정론, 환경 가능론

우리 인간은 오랜 기간 자연에 적응하며 살아왔고, 그 결과로 다양한 문화를 만들었습니다. 기후에 영향을 받아 음식과 의복 문화 등이 발달했고, 일부 종교가 만들어진 곳의 자연환경에 따라 사람들의 일상생활이 완전히 다르게 나타나기도 하죠. 이 과정에서 인간은 자연의 제약을 극복하기 위해 노력했고, 때때로 무리하게 자연을 이용하기도 했답니다. 이처럼 인간 삶의 많은 부분은 자연과 매우 밀접한 관계를 맺고 있어요. 그 결과 인간은 자연을 바라보는 다양한 관점을 가지게 되었죠. 자연이 우리 삶의 모든 것을 결정한다고 믿었던 시기도 있었고, 인간의 더 나은 삶을 위해 자연을 활용해도 된다는 믿음을 가졌던 때도 있었어요. 그리고 현재에는 자연도 인간도 함께 공존해야만 살아남을 수 있다는 관점을 가지게 되었죠. 그렇다면 언제부터, 어떤 이유로 인간과 자연의 관계는 변화해 왔을까요?

　최초의 인간들은 도구와 기술의 발달이 미약했기에 자연의 힘을 이겨내기 쉽지 않았어요. 많은 비가 내릴 땐 집이 물에 잠기는 걸 보고만 있어야 했고, 지진이 일어나면 모든 것을 잃을 수밖에 없었죠. 그 시절을 살아온 사람들은 자연이 경외의 대상이기도 했지만 두려움의 대상이기도 했어요. 자연환경, 특히 기후와 지형이 인간 생활에 미치는 영향을 절대적으로 바라보던 시기를 우리는 환경론적 관점 또는 '환경 결정론'이라고 말해요. 즉, 인간의 생활 양식은 자연이 부여한 조건에 의하여 결정된다고 보았기 때문에 인간의 자유로운 선택은 애초에 불가능하다고 판단한 것이죠. 극단적인 경우에는 역사와 전통, 문화적 요인, 사회와 경제적 요인들에 의해서도 사회

발전이 이루어지는 것을 부정하고 오직 자연환경에 의해 인간의 삶과 생활 양식이 결정된다고 보았어요. 하지만 급격한 기술 발전으로 인해 더 이상 자연은 두려움의 대상이 아닌, 정복과 개척의 대상이 되어버렸고 자연스럽게 환경 결정론을 주장하는 사람들은 줄어들었죠.

이후 인간 중심주의 자연관, 즉 '환경 가능론'이 본격적으로 나타나기 시작했어요. 자연이 인간의 삶을 결정하는 것이 아니라 인간의 이익이나 행복을 위해서 자연을 마음껏 활용하고 이용해도 된다고 보는 입장이죠. 즉, 자연과 인간이 하나로 연결되어 있다기보다 자연과 인간은 완전히 나누어진 존재이기 때문에 서로서로 필요에 따라 이용하기만 하면 된다는 뜻입니다. 하지만 사람들은 두 가지 중 인간이 자연보다 우월하다고 판단해 자연은 인간의 욕구를 충족시키는 도구에 불과하다고 생각했어요. 이런 인간 중심주의 자연관은 산업화와 도시화 과정에서 자연을 개발하고 파괴하는 것에 정당성을 부여했고, 이에 따라 풍요로운 삶을 살게 된 인간은 더 이상 자연을 이들과 동등한 위치에 두기를 거부했어요. 그리고 결국 이러한 무분별한 자연 개발과 자원의 채굴, 이용으로 인해 우리 생태계는 급격히 파괴되기 시작했고, 지구 곳곳에서 문제점이 발생했답니다. 자원의 고갈이나 간단한 환경 문제를 넘어 전 지구적 차원에서 지구 온난화와 삼림 파괴 등의 문제에 직면하게 되었죠.

이러한 상황이 지속되자 인간의 삶에 직접적인 문제가 발생하기 시작했습니다. 바다에서 늘 잡히던 물고기가 잡히지 않고 새로운 물고기 종이 나타나거나, 오랜 시간 동안 농사를 짓던 사람들이 더 이상 삶의 터전에서 똑같은 농작물을 재배하는 것이 불가능하다고 느끼기 시작한 것이죠. 이뿐만 아니라 갑작스러운 폭우로 인해 주변이 물에 잠기거나, 강력한 태풍으로 엄청난 재산과 인명 피해를 경험하기도 했어요. 이렇게

인간의 이익을 위해 자연을 개발하고 이용하는 과정에서 여러 환경 문제가 나타났고, 이에 대한 반성과 문제 해결을 위해 '생태 중심주의 자연관'이 등장했습니다. 생태 중심주의 자연관은 생태계의 모든 것은 나름의 존재 이유를 가지고 있다는 입장이에요. 무엇이 더 우월하고, 무엇이 더 열등하다고 생각하는 것이 아니라 각자 자신의 존재 이유에 맞게 생활하며 균형과 질서를 유지해 나간다고 보는 것이죠. 즉, 모든 존재는 그 자체가 가치가 있고 존중을 받아야 한다는 것이 생태 중심주의 자연관이 주장하는 내용이에요. 이 자연관에 따르면 모든 생명체는 자연의 일부이며, 인간 역시 자연의 일부로 보기 때문에 인간이 자연을 무분별하게 이용하거나 활용할 존재는 아니라고 보고 있어요. 따라서 인간과 자연이 조화와 균형을 이루기 위해서 온 힘을 다해야 하며, 한편으로는 인간이 자연에 대하여 윤리적 책임과 의무를 다할 것을 강조하고 있답니다.

시대에 따라 자연환경을 바라보는 관점이 계속해서 변화해 왔지만, 결국은 인간의 삶에 어떤 영향을 끼치느냐에 따라 인간의 관점이 달라졌다는 것을 알 수 있을 거예요. 인간이 자연을 통제할 수 없었던 시절에는 자연이 인간의 삶을 결정했다고 믿었고, 인간이 자연을 활용할 수 있는 기술력을 확보했을 때는 인간이 더 나은 삶을 위해 자연을 활용할 수 있다고 믿었던 것이죠. 하지만 그런 인간의 결정에 따라 훼손된 자연이 인간의 삶에 문제를 일으키기 시작하자 자연과 인간이 공존해야 한다고 믿게 된 것이고, 이것은 자연을 바라보는 인간의 관점 변화라고 볼 수 있답니다. 어쨌든 지구 곳곳에서 발생하고 있는 환경 문제에 대해 생태 중심주의 자연관은 인간과 자연의 공존을 모색하는 새로운 관점을 제시했다는 점에서 매우 중요한 역할을 했다고 볼 수 있어요. 문제를 해결하는 과정에 인간이 동참했다는 점에서 그 의미가 크죠. 그러나 극단적으로 인간의 개입을 허용하지 않거나 자연을 무조건 보호해야 한다고만 믿는 것은 너무 비현실적이라는 비판을 받기도 해 인간과 자연의 공존을 위한 균형 있는 관점도 매우 중요하답니다.

사람이 아프면 휴식이 필요하듯 자연도 아프면 충분한 휴식이 필요해요. 인간과 자연 모두가 아프지 않고 평화롭고 행복한 삶을 살기 위해 우리가 먼저 자연을 이해하고 양보한다면 자연도 우리 인간을 위해 많은 것을 내어 주지 않을까요?

꿀벌이 사라지면
인간도 사라질 수 있어요

지구상에서 꿀벌이라는 생물종 하나가 사라지면 어떻게 될까요? 수없이 많은 생물종 중 꿀벌 하나쯤 사라진다고 해서 우리 삶에 큰 영향이 없을 것 같지만, 꿀벌이 사라짐에 따라 인간도 사라지는 끔찍한 상황이 발생할 수도 있답니다. 예전에 비해 개체 수가 많이 줄기는 했지만, 꿀벌이 어떻게 인간의 존재 자체를 위협할 수 있는 걸까요? 그것은 바로 꿀벌이 우리가 먹는 식량에 직접적인 영향을 끼치기 때문이에요.

꿀벌이 꽃 속에서 꿀을 모을 때 꿀벌의 몸에 묻은 꽃가루도 함께 옮겨집니다. 인간으로 따지면 이 과정에서 남자 식물에

있는 꽃가루가 여자 식물에 옮겨붙으면서 식물이 번식하고, 살아남게 되는 것이죠. 그래서 꿀벌이 꽃가루를 옮기는 과정은 우리 주변의 아름다운 꽃이나 식물을 유지하게 하는 것을 넘어 우리가 먹는 모든 식량을 보존해 주는 역할도 하고 있는 거예요. 국제 연합 식량 농업 기구 FAO에 따르면 전 세계의 식량에서 무려 90%를 차지하고 있는 100대 농작물 중에 꿀벌이 꽃가루를 옮기며 생산되는 농작물이 70%나 된다고 해요. 즉, 우리가 먹는 주요 식량 자원 중 꿀벌이 생산 활동에 역할을 하는 것이 매우 많다는 뜻이죠. 하지만 계속된 지구 기온의 상승으로 인한 지구 온난화로 꿀벌이 감소하고 있어요. 이상 기후로 인해 꽃이 피어야 할 시기에 피지 않고 조금 이른 시기에 피면 꿀벌의 활동 시기와 꽃이 피는 시기에 차이가 발생하게 되는 것이죠. 변화한 상황 때문에 꿀벌은 적응에 어려움을 겪게 되고, 결국 자신의 목숨을 지키지 못한 채 사라지게 되는 거예요. 이렇게 꿀벌의 개체 수가 급격하게 줄어들면 우리가 먹는 대부분의 밀, 쌀, 과일, 채소 그리고 견과류 등의 생산도 자연스럽게 감소할 수밖에 없답니다. 이렇게 식량 자원이 줄어든다는 것은 우리 인류가 식량난을 맞을 수밖에 없다는 말이에요. 새로운 기술의 발달로 꿀벌의 역할을 대체하지 않는 이상 인간의 생존 자체가 위협받는 상황이 발생하게 되겠죠. 국제연합 식량 농업 기구에 따르면 꿀벌의 경제적 가치는 연간 약 285조 원에서 700조 원에 달할 만큼 우리가 상상할 수 없을 정도로 인류의 생존에 큰 역할을 하고 있어요. 그래서 꿀벌이 멸종하면 농업 경제 전반에 부정적인 영향을 미칠 뿐만 아니라 꿀벌로 인해 생존하는 모든 생태계가 무너지고 인류도 더 이상 먹을 것을 구하기 어려워 위험에 빠질 수 있죠.

　이렇듯 우리가 살고 있는 생태계는 수없이 많은 생명체 간의 상호 작용을 통해 유지됩니다. 지구상의 모든 생물과 무생물은 각자의 역할을 할 뿐만 아니라 유기적인 관계를 통해 생태계를 구성하고 있어 어느 하나에 문제가 생기면 자연스럽게 다른 무언가에도 문제를 일으켜 결국 생태계가 무너지는 것이죠. 쉽게 설명해 자동차 부품 하나가 고장 나면 자동차가 운송 수단으로서 기능을 상실하듯, 생태계를 수많은 부품으로 이루어진 하나의 기계라고 생각하면 될 거예요. 결국 자연을 개발의 대상이 아닌 인간과 유기적으로 연결된 공존의 대상으로 생각하는 자세를 가져야 하고, 이러한 생각을 가지기 위해서는 과거 우리 조상들이 가지고 있었던 자연관을 살펴볼 필요도 있답니다. 유교에서는 인간과 자연의 조화를 넘어 하나가 되어야 한다는 천인합일天人合一의 경지를 추구하였고, 도가에서는 자연이 가지고 있는 질서는 스스로 움직인다는 무위자연無爲自然 사상36)을 바탕으로 인간과 자연의 조화를 중시했죠. 또 불교에서는 인간과 동식물, 무생물이 그물망처럼 관련을 맺고 있는 연기緣起의 원리37)에 따라 모든 생명을 중요시할 것을 강조했답니다. 과거 조상들이 인간과 자연의 조화를 중시했듯, 현재를 살아가고 있는 우리 또한 이런 자연관을 바탕으로 작

---

36) 사람의 힘을 더하지 않은 그대로의 자연.
37) 모든 현상은 원인과 조건이 상호 관계하여 성립하며, 인연이 없으면 결과도 없다는 것.

은 꿀벌 하나를 지키기 위해 노력해야 한다는 것을 알 수 있죠.

그렇다면 인간과 자연이 함께 살아갈 수 있는 바람직한 관계를 만들기 위해서 우리는 어떤 노력을 할 수 있을까요? 우선 사회적 차원에서 지속 가능한 발전을 통해 생태계가 유지될 수 있는 범위 내에서 자연을 개발해야 해요. 인간이 오랫동안 공부를 하거나 일을 했을 때 휴식이 필요하듯 자연도 충분한 휴식이 필요하니까요. 지속 가능한 발전이란 향후 여러분의 후손도 깨끗한 물, 깨끗한 공기 그리고 깨끗한 환경에 살아갈 수 있도록 개발하는 방식을 말하는데, 그렇게 하기 위해서는 자연이 허용할 수 있는 범위 내에서 개발이 필요해요. 우리가 살고 있는 삶의 터전 곳곳에 공원이나 호수를 조성하여 언제나 인간과 자연이 함께하고 있다는 생각을 심어 줄 필요가 있는 것이죠. 이뿐만 아니라 과거에 인간의 이기적인 마음에 시행했던 개발들을 다시 되돌리기 위해 생태계 복원 사업을 추진하고, 지구가 뜨거워지는 것을 막기 위해 새로운 에너지나 재생 에너지를 개발하고 사용할 수도 있답니다.

이렇게 사회적으로 기반을 마련한다면 우리 개인은 어떤 노력을 통해 보탬이 될 수 있을까요? 지구 곳곳에서 발생하는 다양한 환경 문제에 관심을 가지고 미래 세대를 위한 개발을 하는 과정에서 자연을 소중하게 여기는 친환경적인 가치관을 지니는 것이 무엇보다 중요하겠죠. '나 하나쯤이야.'라는 생각을 버리고 우리 한 명 한 명이 에너지를 절약하고, 자원 재활용을 위해 분리수거에 적극 참여하며, 대중교통을 이용하거나 짧은 거리를 걸어 다니는 등의 행동을 한다면 지구를 다시 깨끗하고 건강한 상태로 되돌릴 수 있을 거예요.

우리의 삶이 중요하듯, 다음 세대가 살아갈 삶 또한 중요합니다. 우리가 맑은 공기를 마시고 싶은 만큼 다음 세대도 맑은 공기를 마시며 행복하게 살아갈 권리가 있죠. 우리의 작은 실천 하나가 소중한 꿀벌을 지켜낼 수 있고, 그 꿀벌이 우리에게 다시 소중한 식량 자원을 선물해 주니 자연을 존중하는 태도를 기르는 것이 바로 여러분의 역할이랍니다.

꿀벌은 우리가 먹는 식량 중 대다수 농작물의 꽃가루를 옮기는 역할을 하고 있어요. 최근 기후 변화로 인해 꽃이 피는 시기가 앞당겨져 꿀벌이 활동하는 시기와 차이가 생기면서 꿀벌은 생존의 위협을 받고 있습니다.

지구가 아프다는 신호가
세계 곳곳에서 나타나고 있어요

○ 자연재해, 환경 문제

　우리 몸에 이상이 있을 때는 열이 나거나 통증 등의 증상이 나타납니다. 그러면 병원에 가서 정확한 진단을 받고 약 처방과 치료를 받죠. 그렇지 않다면 우리 몸은 더욱 안 좋아질 테니까요. 우리가 살고 있는 지구도 이상이 있으면 인간들에게 특정한 신호를 보냅니다. 지구 온난화로 인해 날씨가 너무 더워지거나, 추워지거나, 여름철 뜨거운 바다로 인해 강력한 태풍이 발생하며 바닷물이 육지로 넘쳐 흘러 들어오기도 하죠. 지구가 아프다는 신호는 우리 몸이 보내는 신호와 비슷하니 지구를 위해 문제점을 파악하고, 그 문제를 해결해야 합니다. 그

런데 문제를 해결하지 못했기 때문에 지금도 지구는 아프다는 신호를 계속해서 보내고 있죠. 특히 18세기에 일어난 산업 혁명으로 산업이 급속도로 발전하고, 사람들의 생활 환경이 개선되고, 의료 기술이 발달하면서 인구가 급증하기 시작했어요. 자연스럽게 많은 인구가 사용하는 각종 쓰레기나 자원이 지구에 버려졌고, 환경 훼손 정도가 심각해지면서 다양한 환경 문제가 발생하고 있어요. 그렇다면 우리의 어떤 행동이 지구를 괴롭게 하고 있는지, 또 우리는 지구를 위해 어떤 일을 해야 하는지 한 번 알아볼까요?

자연은 기본적으로 어느 정도의 자정 능력이 있어요. 자정 능력이란 스스로 깨끗해지고 건강해지는 능력을 말하죠. 하지만 최근 발생하고 있는 환경 문제들은 자연이 가지고 있는 자정 능력 그 이상을 넘어섰기 때문에 발생한 거예요. 거기에

다 환경 문제가 발생하면 특정 국가나 지역에만 피해를 주는 게 아니라 주변 국가와 지역까지 손해를 끼치면서 분쟁의 소지가 되어 더 큰 혼란을 발생시키기도 해요. 그중 전 지구적인 차원에서 발생하고 있는 가장 큰 문제는 바로 '지구 온난화'예요. 지구 온난화는 말 그대로 지구가 따뜻해지고 있다는 뜻인데, 요즘에는 따뜻해지는 것을 넘어 지구가 끓고 있다는 의미에서 '지구 가열화'라는 용어를 사용하기도 한답니다. 지구 온난화가 본격적으로 언급되기 시작한 시기는 산업 혁명 이후

조. 석탄이나 석유, 천연가스 등의 화석 에너지를 사용하면 그 과정에서 대기 중으로 이산화 탄소가 방출돼요. 이산화 탄소는 고약한 성질이 있어서 태양에서 보내는 자외선이라는 에너지는 통과시키지만 지구에서 방출하는 적외선은 막아요. 지구의 기온이 평형 상태[38]를 유지하려면 태양에서 열에너지를 받고 어느 정도를 다시 지구 밖으로 배출해야 하는데, 이산화 탄소가 대기 중

---

38) 서로 다른 두 방향으로 진행하는 변화의 속도가 같아서 겉보기에는 변화가 일어나고 있지 않은 것으로 보이는 상태.

에 많이 퍼져 있으면 지구가 내뿜는 열에너지가 밖으로 나가지 못해 마치 식물원의 온실에 들어온 것 같은 착각을 일으키게 해요. 그래서 지구 온난화를 다른 말로 '온실 효과Green House Effect'라고 불러요. 문제는 지구 온난화로 인해 전 지구적으로 기온이 상승하면서 남극이나 북극처럼 추운 지역의 빙하가 녹고, 녹은 빙하가 해수면을 상승시켜 일부 해안 저지대와 섬 지역이 침수 피해를 보게 된다는 거예요. 지금처럼 지구 온난화가 지속될 경우, 지도에 있는 수많은 섬들과 지역들은 물속으로 사라질 수도 있어요. 이뿐만 아니라 가뭄, 홍수, 태풍, 폭설 등 우리가 전혀 예상하지 못했던 순간에 강도 높은 자연재해를 일으키기 때문에 우리는 지금보다 훨씬 더 민감하게 자연재해에 대비해야 해요.

지구 온난화처럼 전 지구적 차원에서 피해를 보는 환경 문제는 아니지만, 어느 한 나라에서 오염 물질이 배출되면서 그 물질이 바람을 타고 이웃 나라로 이동해 대기 오염을 일으키고, 비가 올 경우 그 오염 물질이 비에 섞여 산성비가 되는 것 또한 문제가 되고 있어요. 더욱이 산성비는 오염 물질을 배출하는 지역이나 국가보다 그 이웃 지역이나 국가에 더 큰 피해를 주고 있어 국제 분쟁의 원인을 제공하고 있죠. 또 생활 하수나 공장의 폐수로 인해 강물이나 바닷물이 오염되는 수질 오염 또한 바닷물의 이동을 통해 이웃 국가에 손해를 끼칠 수 있

어요. 바다로 유입되는 쓰레기가 이동하는 과정에서 이웃 국가와의 분쟁이 일어나기도 하죠. 최근 사막 주변 지역에서 국토를 개발하면서 인접 지역에 사막화가 이루어지고 있답니다. 삶의 터전이 메말라 버리면서 사람들이 삶을 터전을 잃고 새로운 곳으로 강제로 이동하게 되었는데, 그 과정에서 국제 난민이 발생했죠. 환경 문제로 인해 어쩔 수 없이 고향을 떠나는 사람들과, 이들을 받아들여야 하는 국가들의 문제가 국제적 골칫거리로 떠오르고 있어요. 난민을 수용하는 일은 쉬운 결정이 아니기 때문이죠.

이런 국제적 환경 문제를 해결하기 위해서는 누군가가 시킨 것을 따르기보다는 나 스스로 지구의 환경 문제를 해결해야 한다는 마음을 가져야 합니다. 정부에서는 법적·제도적 측면에서 사람들이 환경을 보호할 수 있도록 이끌어야 하고요. 개발하기 전 그 개발이 환경에 얼마나 많은 영향을 끼치는지 파악하고, 혹시 심각한 영향을 끼치게 된다면 개발을 못 하게 하는 제도인 환경 영향 평가 제도나, 새롭게 성장하는 산업이 온실가스 배출량을 줄이고 경제 발전을 이룰 수 있도록 하는 저탄소 녹색 성장에 지원을 아끼지 말아야 합니다. 기업들도 환경 오염 요소를 최소화하기 위해 신·재생 에너지 사용을 확대하고, 생산 과정에서 자원 소비량을 줄이기 위한 노력이 필요해요. 이처럼 개인과 정부 그리고 기업이 모두 힘을 합쳐 건강하고 깨끗한 지구 만들기 프로젝트에 참여한다면 지금보다 더 나은 환경에서 살아갈 수 있을 거예요. 그렇다면 우리가 진정 원하는 다음 세대까지 깨끗한 환경을 물려줄 수 있는 조건이 마련되겠죠?

자연은 스스로 회복할 수 있는 자정 능력이 있지만 인간의 무분별한 환경 파괴로 인해 자정 능력이 조금씩 사라지고 있어요. 지구 온난화, 산성비, 수질 오염, 사막화 등은 자연이 인간에게 보내는 적신호입니다.

3장

네트워크 세상,
모든 것이 연결된 지구 속 세계시민

왜 도시는 건물이 높고,
시골은 건물이 낮을까요?

○ 도시화

산업 혁명 이후 농촌에서 농사를 짓던 사람들이 대도시의 일자리를 찾아 이동했어요. '이촌향도'[39]라고 부르는 이 현상으로 인해 농촌의 사람들은 계속 줄어들었고 도시의 사람들은 늘어났죠. 가끔 도시가 수용할 수 있는 인구 이상이 유입되면서 주택 부족이나 교통 혼잡, 환경 오염 등의 문제가 발생하기도 해요. 그렇다면 왜 사람들은 농촌을 떠나 도시로 이동했을까요? 바로 경제적인 이유 때문이에요. 일 년 내내 농사를 지

---

39) 離村向都. 촌(시골)을 떠나 도시로 향한다는 뜻.

어도 한 가족이 먹고 살기에 넉넉하지 않은 사람들 처지에서는 몇 달만 일해도 일 년 농사를 짓는 것보다 많은 돈을 벌 수 있는 도시로 이동할 수밖에 없죠. 그래서 산업화가 이루어진 모든 국가에서는 산업화 초기 단계부터 마지막 단계까지 농촌의 사람들이 도시로 이동하는 현상을 관찰할 수 있어요.

전체 인구 중 도시에 살고 있는 사람의 비중이 늘어나고 생활 양식이 도시적으로 바뀌는 현상인 도시화가 빠르게 진행되면서 사람들의 삶에도 많은 변화가 생겼어요. 과거에는 대부분의 사람들이 농사를 짓는 1차 산업에 종사했지만, 도시에서는 1차 산업보다 제조업 위주의 2차 산업이나 서비스업 위주의 3차 산업이 주를 이루게 되면서 직업이 나눠지는 분화 현상이 일어났죠. 즉, 농촌에 사는 사람들은 1차 산업에 종사하고, 도시에 사는 사람들은 2차와 3차 산업에 종사하는 것이죠. 산업화 이전에는 농사도 짓고 농산품으로 제품도 만들었는데, 이제는 농사를 짓는 사람은 농사만 짓고 그 농산품으로 제품을 만드는 사람들은 제품만 만들도록 변화한 것이 바로 직업의 분화와 전문성 발달이라고 할 수 있답니다. 또 도시로 사람들이 많이 몰리면서 인간관계에 대한 인식도 많은 변화를 겪게 됐어요. 농촌에서는 옆집에 사는 사람뿐만 아니라 한동네에 사는 사람들이 누구인지, 그 가족들은 어떻게 구성되어 있는지 다 알고 있었다면, 도시 사람들은 바로 옆집, 위아래 집에 사는 사람의 이름이 무엇인지도 모르는 경우가 많죠. 이런 인간관계를 '이차적 인간관계'라고 부르는데, 특정 목적을 위해 수단적이고 간접적으로 관계를 맺는 것을 뜻해요.

농경 사회에서는 사람들이 서로 힘을 모아 농사를 지어야 했기 때문에 사람들 간의 유대 관계가 무엇보다 중요했지만, 산업 사회와 도시 사회에서는 굳이 이웃의 도움을 받지 않더라도 전문적인 서비스업을 담당하는 사람과 기업이 있기 때문에 혼자서도 충분히 살아갈 수 있어요. 이 과정에서 도시 사람들만의 고유한 삶의 양식인 '도시성'이 발달했어요. 도시성이란 도시에 거주하는 사람들의 생활 양식과 문화적 특징을 말하는데, 그중 가장 대표적인 것이 개인주의 가치관의 확산이에요. 이웃과 함께 더불어 사는 것보다는 개인의 가치와 성취 그리고 자유와 권리를 더욱 중요시하는 가치관이 확산한 것이죠. 이는 가족 형태의 변화를 불러오기도 했어요. 여러 명의 사람들이 한 집에 모여 살던 대가족 형태에서 한 집에 서너 명만 사는 핵가족으로 변화를 겪게 되었죠. 더 나아가 최근에 1인 가구의 비중이 점차 늘어나고 있는 것도 현대의 도시성이라고 할 수 있어요.

도시화 과정에서 사람들의 생활 양식뿐만 아니라 생활 공간에도 큰 변화가 생겼어요. 특히 거주 공간의 변화가 눈에 띄는데, 갑자기 많은 사람들이 도시에 몰리면서 도시의 독특한 거주 경관이 나타났죠. 사람들을 수용할 수 있는 토지의 면적은 제한되어 있는데 도시로 이동하는 사람들이 많아지면서 자연스럽게 좁은 토지를 효율적으로 활용할 수 있는 방법이 생겼어요. 바로 건물의 높이를 높이는 것이죠. 토지의 집약적 이용이라고도 하는데, 이에 따라 고층 주택인 아파트와 고층 건물 등이 도시에 많이 생겼어요. 또한 도시 내부 공간 구조와 기능에도 변화가 나타났어요. 최초의 도시가 발달할 땐 도시의 중심에 거주, 상업, 공업이 혼재되어 있었지만, 도시화가 진행될수록 도심의 땅값이 올라가면서 땅값을 지급할 능력이 있는 기능은 도심에 남고 나머지는 외곽으로 전부 빠져나갔죠. 대도시에 있는 학교들이 과거 도심에 있다가 외곽 지역으로 옮긴 이유도 바로 이 때문이랍니다. 도시 중심에 모여 살던 사람들이 도심의 땅값을 감당할 수 없어 외곽 지역으로 나가면서, 자연스럽게 더 이상 학교가 유지될 수 없어 학교도 사람들이 이동한 외곽 지역으로 옮겨가게 되는 것이죠. 이 과정에서 도시는 더욱더 넓어지고 사람들 또한 더 넓은 지역으로 퍼져나가면서 대도시의 인구나 기능, 시설 등이 도시 주변으로 확산하는 교외화 현상이 일어나게 돼요.

도시화 과정에서 사람들의 소득이 늘어나 경제적으로 부유해졌지만 각종 문제들이 발생하고 있어요. 주택 부족, 집값 상

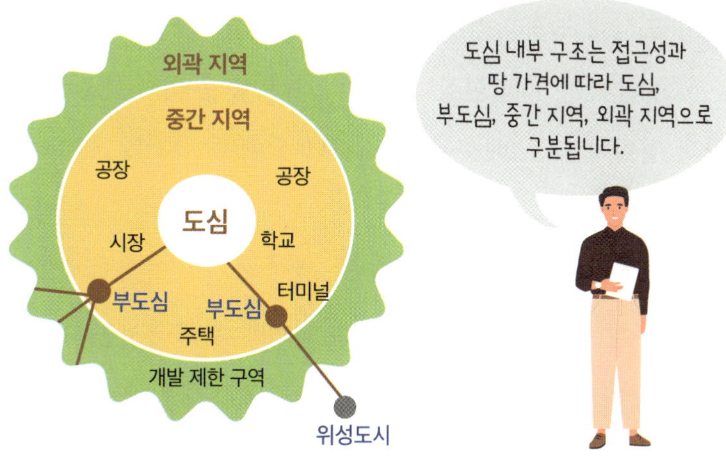

승, 불량 주택 지역 형성과 같은 문제뿐만 아니라 교통 혼잡, 주차난 등의 교통 문제도 발생하고 있죠. 특히 사람들이 살 공간과 일할 공간이 늘어나면서 나무가 자라는 녹지 면적이 줄어들어 생태 환경의 변화도 뚜렷하게 나타나고 있어요. 자동차나 에어컨 실외기 등에서 나오는 열과 콘크리트가 뿜어내는 열이 도시에 집중되면서 도시 지역이 다른 지역보다 유독 기온이 높아지는 열섬 현상이 나타나거나, 많은 비가 내릴 때 포장된 길이나 도로 때문에 물이 바닥에 흡수되지 않고 흘러내리면서 도시에 물이 넘치는 홍수가 나타나기도 하죠. 또 대기 오염, 수질 오염, 토양 오염 등으로 생태 환경이 악화되기도 해요. 이러한 문제를 해결하기 위해 지역적 차원에서는 주택이나 도로, 공원 등의 도시 기반 시설을 확충하기 위해 노력을 하죠. 또 생태 환경 복원을 위해 녹지 면적을 넓히거나 친환경 사업을 추진하기도 한답니다. 하지만 무엇보다 사람들이 최소한의 인간다운 삶을 누릴 수 있도록 인구와 기능을 여러 지역으로 분산하려는 국가적 차원의 노력이 필요해요. 대도시에 몰려 있는 공공 기관을 지방으로 이전하는 혁신 도시 사업이나, 대도시 주택 문제 해결을 위해 새로운 도시를 개발하는 신도시 개발 사업 등이 적극 추진되어야 지금 우리가 겪고 있는 많은 문제들이 해결될 수 있을 거예요.

우리가 편하게 살고 있는 이 공간은 마치 생물이 진화하는 것처럼 많은 변화를 겪어 왔어요. 사람이 성장하면서 각종 질병의 공격을 받지만 그것을 이겨내고 성장하는 것처럼, 우리가 살고 있는 공간 또한 각종 문제가 발생했지만 그것을 이겨내고 성장하고 있어요. 우리가 살고 있는 현재뿐만 아니라 다음 세대도 최소한의 인간다운 삶을 살아갈 수 있는 공간을 마련하는 것이 우리에게 가장 중요한 일이 아닐까요?

그 많던 도심의 쇼핑몰은 어쩌다
문을 닫고 빈 건물만 남았을까요?

불과 20년 전엔 옷을 사야 할 일이 생기면 번거로움을 감수하고도 쇼핑몰에 가서 직접 입어보고 비교하며 옷을 샀어요. 하지만 지금은 그 번거로움을 감수하고 싶어 하는 사람이 줄었죠. 앉은 자리에서 모바일을 이용해 사고 싶은 옷 몇 가지를 고른 다음 비교해 보고 구매해요. 심지어 인공지능의 발달로 키와 몸무게만 입력하면 나에게 맞는 크기와 색깔 등도 함께 추천해 주고 있으니 더더욱 사람들은 밖으로 나갈 일이 줄어들었어요. 단순히 기술의 발달로 인해 우리의 삶이 편리해진 것보다는 교통과 통신의 발달로 인해 번거로움을 덜어낼 수 있게 된 거예요. 교통의 발달로 택배 산업이 성장하면서 주문한 다음 날이면 받을 수 있었던 물건을 요즘에는 주문한 당일에 받게 된 것이 대표적이죠. 심지어 외국에서 판매하는 물건도 얼마 걸리지 않아 집 문 앞까지 배송되기도 해요. 또 통신의 발달로 침대에 누워서 쇼핑하고, 마음에 들지 않는 상품은 반품 처리하거나 교환도 할 수 있으니 공간적 제약이 완전히 사라진 거라고 할 수 있어요. 자연스럽게 발 디딜 틈 없던 쇼핑몰엔 사람들이 줄어들고, 결국 문을 닫는 가게들이 늘어났어요. 교통과 통신의 발달이 우리가 생활하는 공간을 완전히 뒤바꿔 놓은 거죠.

과거에는 사람이나 물건이 이동할 때 직접 걸어가거나 마차와 같은 교통수단을 이용했어요. 1500년대에 발달한 마차는 1시간에 4km를 이동했어요. 서울-부산 간 거리를 400km라고 보았을 때, 꼬박 4일이 더 지나서야 도착할 수 있던 거예요. 하지만 증기 기관차가 발명되고 이후 비행기까지 운행되면서 사람들은 더 먼 거리를 빠르게 이동할 수 있게 되었죠. 또 통신의 발달로 사람들이 직접 만나야 전할 수 있었던 정보가 인터넷이나 휴대 전화로 실시간 전달되면서 전 세계 어디서든 그때그때 정보를 공유할 수도 있게 되었어요. 이런 교통과 통신의 발달은 사람들의 생활 공간을 확대했답니다.

과거 2~3시간 걸리던 출근길이 1시간으로 단축되면서 먼 거리에서도 사람들이 출퇴근할 수 있게 되었고, 먼 거리에 있는 학교에 다니는 학생도 굳이 기숙사에 들어가지 않고 집에서 등하교할 수 있게 되었죠. 교통·통신의 발달이 사람들의 생활 공간을 확대하고 편리함을 주었지만, 이것이 전부는 아니에요. 원료와 상품, 노동력, 자본 등의 이동이 자유로워지면서 국제적인 경제 활동이 더욱 활발해지기도 했어요. 그뿐만 아니라 여가 활동이나 문화 교류의 기회도 늘어나 해외로 여행을 가거나 통신 수단을 이용해 다른 나라의 문화를 쉽게 접할 기회도 생겼죠. 다른 지역이나 국가와 상호 작용이 이루어지면서 새로운 문화가 형성되기도 하고, 전 세계 사람들이 공통적으로 관심을 가지는 보편적인 문화가 생기기도 했답니다.

또 최근에는 사람이 직접 탑승하지 않고 이동할 수 있는 무인기와 같은 교통수단이 발달하면서 사람이 접근하기 어려운 지역까지 정보를 얻거나 지역 문제를 해결할 수 있는 기반을 마련하게 되었어요. 즉, 교통과 통신의 발달로 인해 과거와는 완전히 다른 생활 양식이 만들어졌다고 볼 수 있죠.

이처럼 온통 편리함만 선사할 것 같았던 교통·통신의 발달이 문제를 만드는 경우도 있어요. 교통 발달과 통신 접근성이 더욱 좋아지면서, 기존에 도시와 농촌, 대도시와 중소 도시 사이에서 나타났던 지역 격차가 대도시를 중심으로 더욱 커지는 현상이 생겼어요. 이는 시간이 지날수록 인구와 기능[40]의 유출을 더욱 심화시켜 더 큰 지역 격차를 일으키기도 해요. 마치 빨대로 인구와 기능을 빨아들이듯 주변 지역의 인구와 경제력, 기능 등이 대도시로 유입되는 빨대 효과[41]가 더욱 커지고 있다는 뜻이죠. 또 지속 가능한 발전이 중심이 되는 현대 사회에 새로운 교통로 건설은 생태 환경에 부정적인 영향을 끼치기도 해요. 야생 동물의 서식지가 줄어들고, 야생 동물이 시가지로 이동하는 과정에서 찻길 사고가 일어나기도 하죠. 또 이동하는 데 필요한 화석 연료를 사용할 때 온실가스가 다량으로 방출되어 지구 온난화 등의 환경 문제도 발생시키고 있답니다.

최근에는 국가 간 사람들의 이동이 수월해지면서 전염병의

---

40) 생산 공장과 같은 산업, 도소매 업체와 같은 상업 등을 의미함. 인구가 줄어들면 많은 사람을 필요로 하는 산업과 상업이 자연스럽게 빠져나가기 때문임.
41) 대도시의 기능과 인구가 주변 지역을 빨아들이듯 흡수해 주변 지역의 성장과 발전을 저해하는 현상.

확산 문제도 심각해지고 있어
요. 사람들이 더 멀리, 더 빠
르게 이동할 수 있게 되면서
전염병의 전파 속도나 확산
지역이 늘어나게 되는 것이
죠. 대표적으로 코로나바이러
스가 기존의 다른 전염병보다
훨씬 빠른 속도로 전 세계에
전파될 수 있었던 것이 바로

교통 발달의 영향이라고 볼 수 있답니다.

이처럼 교통·통신의 발달은 정보 통신 기술을 활용하는 정
보화 사회로 이어졌고, 최근에는 더 고도화된 산업 방식인 제
4차 산업 혁명으로 이어져 우리 삶에 많은 영향을 끼치고 있
어요. 사물에 감지기를 부착하여 실시간으로 데이터를 주고
받는 기술인 사물 인터넷IoT, 눈으로 보는 현실 세계에 가상 물
체를 겹쳐 보여 주는 증강 현실 기술AR 등이 대표적이죠. 이로
인해 사람들의 업무 공간에 대한 제약이 사라져 재택 근무나
원격 근무 형태가 증가하고 있어요. 코로나바이러스가 한창
일 때 학교에 가지 않고도 출석하고 수업을 들을 수 있었던 것
도 바로 지능 정보화 사회로 변화되어 가는 과정이었기 때문
이에요. 또 사회관계망 서비스SNS, 인터넷 게시판 등을 통해 일

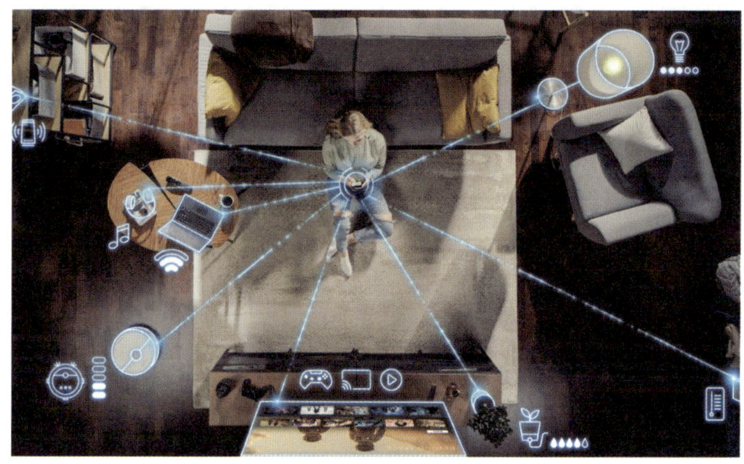

반 시민들의 사회 참여와 정치 참여가 활발해졌고, 가상 공간을 통해 인간관계를 맺는 일도 늘어났죠. 물론 이 과정에서 장애인, 고령층, 저소득층, 농어민 등이 정보 통신 기술에 접근할 수 있는 사정이 여의치 않은 경우가 있어 정보 격차 문제가 생기거나, 자동화 시스템 도입으로 인간의 노동을 기계가 대체하면서 일자리가 줄어드는 문제가 생기기도 했어요. 변화하는 시대와 사회에 적응하기 위해 법적·제도적 기반뿐만 아니라 지속적인 정보 통신 교육과 윤리 교육으로 바람직한 정보 사회 문화를 확립하기 위해 노력해야 해요.

앞으로 발전할 교통·통신으로 인해 시간과 공간의 제약이 얼마나 더 사라질지 정확히 예측할 순 없지만, 지금보다 더 높은 수준의 생활이 가능하다는 것은 분명해요. 다만 그로 인해 발생할 수 있는 정보 격차 문제와 지역 격차 문제를 해결하는 것이 가장 중요하고 시급한 문제가 될 수 있죠. 무조건 기술의 발전을 쫓아가기보다 사람이 따라갈 수 있는, 또 사람이 함께 갈 수 있는 수준의 발전이 필요하지 않을까요?

시외버스를 타듯 쉽게 국외 버스를
탈 수 있는 날이 다가오고 있어요

○ 세계화

현재를 살고 있는 우리에게는 너무나 당연한 일이지만, 불과 20년 전만 하더라도 외국에서 판매하는 물건을 개인이 산다는 것은 매우 어려운 일이었어요. 외국에서 만든 드라마나 영화를 그때그때 보는 것도 쉽지 않았고, 해외에서 열리는 스포츠 경기를 실시간으로 보는 것도 불가능에 가까웠죠. 하지만 현재 우리의 활동 범위는 국경을 넘어 세계로 뻗어 나가고 있어요. 세계 여러 지역의 사람 및 장소 간 연결성이 증가하는 현상이 나타나고 있는데, 우리는 이런 현상을 '세계화'라고 해요. 즉, 우리는 외국산 제품을 언제 어디서든 간단하게 주문할

수 있고, 실시간으로 외국인과 소통하고 정보를 교환할 수 있는 시대를 살아가고 있다는 뜻이죠. 상품이나 자본 그리고 기술이 더 이상 하나의 국경 안에 갇혀 있는 것이 아니라 자유롭게 이동하면서 마치 전 세계가 하나의 국가처럼 변화하는 시대를 세계화 시대라고 할 수 있어요. 어쩌면 시외버스를 타고 다른 도시로 이동하는 것처럼 국외 버스를 타고 다른 나라로 쉽고 간단하게 이동하는 것이 자연스러워지는 날이 오겠죠? 그렇다면 우리는 어떻게 몇십 년 만에 완전히 다른 세상에 살게 되었을까요?

세계화 진행에 있어 가장 핵심적인 역할을 한 기술 발전은 바로 교통과 통신의 발달이에요. 우선 사람이나 상품이 이동하려면 그것을 옮겨 주는 매체가 필요한데, 그 매체의 기술이 빠르게 발전한 것이죠. 과거 어떠한 교통수단도 없을 때 서울과 부산 사이를 걸어서 이동한다면 한 달이 넘게 걸렸을 것이고, 말을 타고 이동한다면 일주일에서 열흘은 지나서야 도착할 수 있었을 거예요. 하지만 자동차가 본격적으로 보급되면서 한 달이 걸렸던 두 도시 사이의 이동 시간은 5시간으로 줄어들었고, 마침내 고속 열차가 세상에 나타났을 땐 2시간 50분으로 단축되었어요. 지금 전 세계에서 가장 빠른 이동 수단인 비행기를 타면 1시간도 채 걸리지 않는 게 너무나 자연스러운 일이죠. 이처럼 사람이나 물건을 언제든 빠르게 옮기고 움직일 수 있도록 교통이 발달하다 보니 사람들의 생활 범위나 활동 범위가 자연스럽게 넓어질 수밖에 없었어요. 하지만 교통수단의 발전을 뛰어넘어 시간과 거리를 아예 없애 버린 기술이 나타났죠. 바로 통신 기술인데요, 통신기술의 발달로 인해 더 이상 물리적 거리는 의미가 없어졌어요. 한국에 있는 A 씨와 미국에 있는 B 씨는 물리적으로 매우 떨어져 있고 비행기를 타도 12시간 이상은 날아가야 서로를 만날 수 있지만 통신 기술의 발달로 인해 언제 어디서든 실시간으로 대화하고 정보를 공유할 수 있는데, 이 기술이 바로 통신 기술이죠. 이에 따라 먼 길을 떠나지 않더라도 실시간으로 자신이 원하는 것을 찾고 얻어낼 수 있는 세상이 되었답니다.

다양한 국가에서 활동하는 기업들은 본사나 연구소는 선진국의 대도시에, 단순 노동이 필요한 생산 공장은 개발 도상국에 두어 최소의 비용으로 최대의 효과를 얻으며 경제의 세계화도 촉진하고 있어요. 세계적인 항공기 업체인 A사가 전 세계를 무대로 활동하고 있는 대표적인 사례예요. 본사가 위치한 프랑스에서는 중요한 업무를 진행하면서 조종실과 바퀴를 제작합니다. 그리고 날개 부분에 들어가는 부품은 벨기에와 독일, 에스파냐에서 만들고, 비행기의 몸통인 동체는 독일에서 제작하죠. 엔진은 대서양을 건너 미국에 도착하며, 비행기에 들어가는 수만 가지 부품의 대부분은 네덜란드에서 만들어지고 있어요. 이렇게 각 부품이 한곳으로 모여 최종 완제품이 되는데, 본사가 있는 프랑스의 툴루즈, 독일 함부르크 그리고 중국 톈진 등에서 조립해 완성됩니다. 이 모든 과정을 거쳐 전 세계에 비행기가 판매돼요. 우리가 타는 비행기를 만들기 위해 무려 10여 개의 국가가 관여하고 있으니 경제의 세계화라는 말을 실감할 수 있어요.

이뿐만 아니라 영화, 드라마, 각종 스포츠 경기를 실시간으로 공유하며 어디에서 어떻게 살든 다양한 문화를 보고 느끼고 즐길 수 있는 문화의 세계화도 이루어지고 있죠. 우리나라에서 만든 드라마가 미국에 본사를 둔 N사의 플랫폼을 통해 전 세계 사람들에게 전해지고, 우리나라의 유명한 전통놀이가

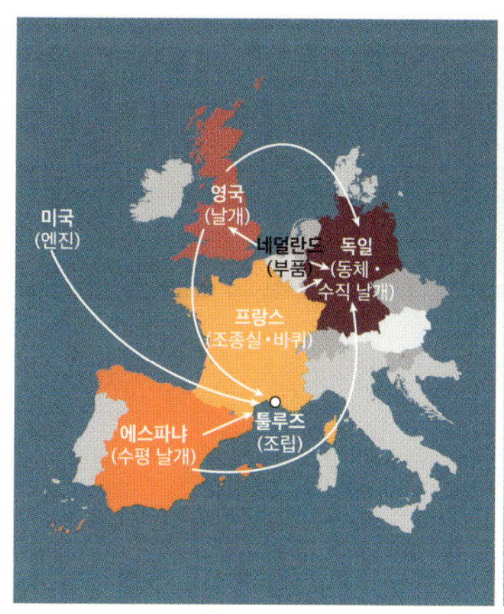

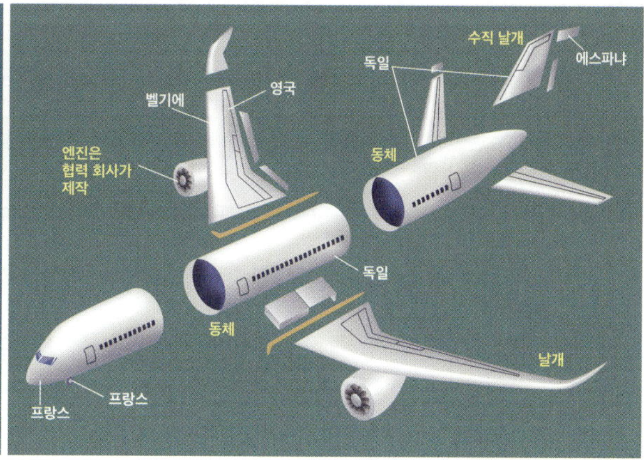

세계인의 놀이가 되는 현상을 우리는 지켜보고 있답니다. 또 영국에서 열리는 스포츠 경기를 실시간으로 보고, 우리나라 선수가 활약할 때 한국과 영국에서 동시에 소리를 지르며 환호하는 장면도 더 이상 낯설지 않죠.

이렇듯 세계화가 우리 삶을 더욱 풍요롭고 편리하게 만들어 주는 것 같지만 숨겨진 문제점 또한 만만치 않아요. 경제의 세계화로 돈이 되는 기술이나 업무는 선진국이나 세계 도시에 몰리고, 상대적으로 단순노동을 통해 최소한의 경제 활동을 할 수 있는 기능은 개발 도상국으로 몰리면서 빈부 격차가 더욱 심화되기도 합니다. 또 많은 사람들이 열광하는 문화가 기존의 지역 문화를 밀어내는 과정에서 문화 획일화와 문화 소멸 현상이 발생할 수 있어요. 특히 선진국의 자본이 듬뿍 담긴 문화 상품은 영향력이 매우 커 약소국이나 원주민들의 고유한 문화에 대한 침해가 상당히 심하게 나타나는 경우도 있죠.

이를 해결하기 위해 선진국이나 국제기구에서는 공적 개발 원조ODA를 설립하여 개발 도상국의 경제 발전과 사회 복지 증진을 목표로 원조를 제공하고 있어요. 즉, 개발 도상국의 경제적 자립을 돕고, 개발 도상국 스스로 성장할 수 있는 동력을 찾아 자유 경쟁의 흐름에 참여할 수 있도록 하는 것이죠. 또 문화 획일화 현상이나 소멸 현상을 가져올 수 있는 문제에 대응하기 위해서는 외국의 문화에 대해 무조건 찬성하고 받아들이는 것보다는 자신들이 가진 문화의 정체성을 유지하면서 외국의 문화를 받아들이는 노력이 필요해요. 이러한 노력에 발맞추어 개개인도 자기 생각과 행동이 전 세계 모든 사람 및 지역들과 연결되어 있다는 점을 인식하고, 현명하고 지혜로운 행동을 할 수 있는 세계 시민성을 갖추어야 한답니다.

앞으로 우리에게 시간과 공간의 개념은 더 이상 의미가 없

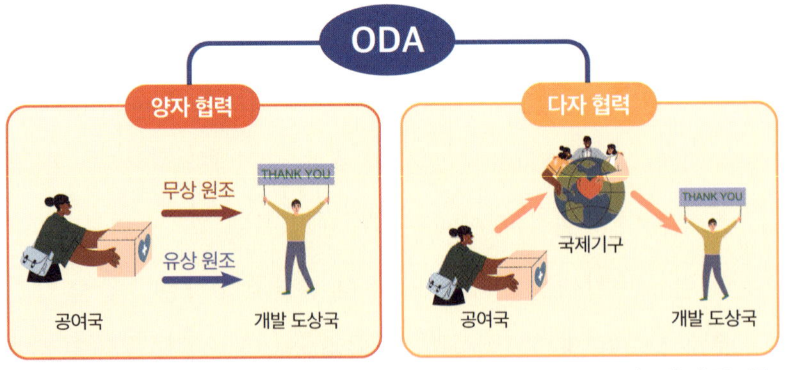

어질 수도 있어요. 기술이 얼마나 더 발전할지 모르겠지만, 분명한 것은 지금보다는 시간과 공간의 제약이 더욱 사라질 테니까요. 이러한 시대를 살아가고 이끌어 나가야 할 여러분이 세계 시민성을 갖춘다면 어떤 변화와 어떤 시대가 오더라도 세계를 이끄는 훌륭한 리더로 성장할 수 있을 거예요.

✔ **기억해요! 이 개념** | 세계화로 인해 국경이 점차 사라지고 하나의 국가처럼 살 수 있는 세상이 됐어요. 처음엔 물건이나 돈이 국경을 자유롭게 건넜지만 이제는 사람도 간단한 절차만 거치면 외국으로 갈 수 있게 됐죠. 심지어 정보 통신의 발달로 시간과 공간의 제약이 사라지면서 국경의 의미는 더욱 희미해졌습니다.

한 나라의 수도는 정해져 있는데,
지구의 수도는 어디일까요?

따뜻한 도시 남자를 뜻하는 '따도남'이라는 말이 유행하던 때가 있었어요. 얼핏 들으면 무슨 뜻인지 이해하기 어렵지만, 차가운 이미지인 도시와 반대로 따뜻한 인상과 성품을 가진 착한 남자를 일컫는 말이었습니다. 그만큼 우리에게 도시라는 이미지가 차가운 회색빛 콘크리트로 둘러싸인 곳을 의미한다고도 볼 수 있겠죠. 도시는 단순히 사람이 많이 산다는 의미를 가진 것이 아니라 그곳에 거주하는 사람들이 대부분 2차 또는 3·4차 산업에 종사하는 지역을 말해요. 우리는 어떤 한 지역이 1차 산업인 농업 중심 사회에서 2차인 공업과 3차인 서비스업

그리고 지식을 중심으로 한 4차 산업 사회로 바뀌어 가며 도시로 변화하는 과정을 '도시화'라고 불러요. 도시화가 진행되며 사람들의 일자리가 바뀌는 것과 더불어 생활 양식도 크게 변화했어요. 19세기까지만 하더라도 이런 도시화가 유럽이나 북아메리카 선진국 일부에서 진행된 일이었다면, 현재에는 중국을 중심으로 동남아시아와 라틴 아메리카 등에서도 빠르게 진행되고 있답니다. 1950년에 약 30%였던 도시 인구 비율이 점점 증가하여 오늘날에는 세계 인구의 약 50% 이상이 도시에 거주하고 있다고 하니 더 이상 도시라는 공간은 우리에게 낯설지 않죠. 하지만 이런 급격한 도시화 과정에서 새로운 도시의 형태가 나타나기 시작했어요. 전 세계의 경제, 정치, 문화, 사회 등이 통합을 이루는 세계화에서 세계적인 영향력을 가진 세계 도시의 필요성이 제기된 것이죠. 세계 도시란 세계의 여러 대도시들 가운데 한 국가의 경제, 정치, 문화를 넘어 전 세계 경제와 정치 그리고 문화의 발전에 중요한 기능을 수행하는 위상 있는 도시를 말해요. 우리가 잘 알고 있는 미국의 뉴욕, 영국의 런던 그리고 일본의 도쿄가 세계 도시의 대표적 사례로 볼 수 있죠.

오늘날 세계 도시는 전 세계의 경제 활동을 관리하고 통제하는 경제 중심지의 기능이 더욱 강하게 나타납니다. 세계 도시는 다국적 기업의 본사나 국제 금융 업무 기능, 기업을 대상으로 하는 금융·보험·부동산·회계 등의 서비스업 기능이 집중된 곳이에요. 이러한 세계 도시는 세계적인 기술과 정보를 생산하고 전달하여 첨단 산업의 혁신을 주도하기도 하며 동시에 인구가 많은 장점을 살려 거대한 소비 시장의 역할도 맡고 있죠. 또 이곳에는 국제 정치 중심지로서의 기능을 수행하기 위해 각종 국제기구 및 조직의 사무국이 자리 잡고 있어요. 국제적인 문제를 해결하기 위한 역할을 뛰어넘어 국제회의 및 행사를 개최해 국제적 인적 교류가 매우 활발한 곳이기도 하답니다. 자연스럽게 사람과 자본 그리고 상품들이 세계 도시로 몰리면서 이곳은 교통 및 통신의 중심지가 되기도 해요. 그래서 항공 운항의 국제 이동량만 보더라도 그 도시가 세계에서 어느 정도 위상을 가졌는지를 가늠해 볼 수 있을 정도예요.

세계 도시로 가장 유명한 미국 뉴욕은 맨해튼 일대에 형성된 대규모의 금융가를 중심으로 세계 경제의 중심지 역할을 톡톡히 하고 있어요. 우리가 아침 뉴스의 첫 화면에서 종종 볼 수 있는 뉴욕 증권 거래소의 모습이 바로 그 근거가 될 수 있죠. 미국의 경제 상황에 따라 세계의 경제가 영향을 받을 정도이니 뉴욕의 경제가 결국 세계의 경제라고 생각해도 될 정도예요. 그뿐만 아니라 국제 연합 UN의 본부가 뉴욕에 있어 국가 간의 다양한 분쟁을 해결하는 데 중심지 역할을 맡기도 한답니다. 런던 또한 뉴욕에 버금갈 정도의 금융 중심지 역할을 하고 있어요. 런던의 더 시티에는 세계 최초의 증권 거래소와 각종 세계 은행 등이 있는데, 이를 통해 다국적 기업의 활동을 적

극 지원하고 있죠. 일본 도쿄는 1960년대와 1970년대 사이 제조업이 발달하면서 주요 무역업체의 본사나 관련 서비스 산업이 지역 내로 집중되며 세계 도시로 성장했어요.

이처럼 뉴욕, 런던, 도쿄를 제외한 세계 곳곳에 지역과 세계를 대표하는 중심 도시들이 분포하는데, 이 도시들은 서로 다른 규모와 기능 그리고 영향력을 가지고 있어 계층성이 나타난다는 특징이 있어요. 우리나라를 기준으로 가장 높은 위치에 있는 도시를 서울, 그 아래 위치한 도시를 부산 그리고 나머지 광역시로 계층화시킬 수 있듯이, 세계 도시 또한 영향력에 따라 계층화를 시킬 수 있는 특징이 있죠. 흔히 각 도시의 정치 및 경제 발달 수준이나 인구 규모, 영향력이 미치는 범위 등에 따라 최상위 세계 도시, 주요 세계 도시, 하위 세계 도시로 계층을 구분해요.

최상위 세계 도시는 뉴욕, 런던, 파리, 도쿄 등이 있는데, 이 도시들은 세계의 경제와 정치를 통제하고 조절하는 기능을 수행하고 있죠. 최상위 세계 도시의 영향력 아래에 있는 권역별 또는 대륙별 중심지 역할을 하는 주요 세계 도시에는 네덜란드 암스테르담, 벨기에 브뤼셀, 중국 베이징 그리고 우리나라 서울 등이 있어요. 이 도시들은 세계적인 영향력을 미치는 도시라기보다 그 도시가 속한 대륙 또는 주변 여러 국가에 영향을 미칠 수 있는 기능을 가진 도시로 볼 수 있습니다. 마지막으로 하위 세계 도시로는 오스트리아 빈, 스페인 마드리드, 중국 상하이, 캐나다 토론토 등이 있는데, 이 도시들은 주요 세계 도시와 연계하여 국제 금융 기관이나 다국적 기업의 기능을 분담하는 역할을 수행하고 있답니다.

전 세계가 하나의 국가처럼 변화하는 과정에서 세계의 중심이 되는 지구의 수도가 필요한 것은 당연한 일이에요. 하지만 그 도시가 세계의 중심이라고 해서 세계의 모든 경제와 정치 그리고 문화에 강한 영향력을 미치는 것은 경계해야 하죠. 단일한 문화를 가진 국가 안에서 도시의 계층성에 따라 서로 영향을 주고받는 일은 충분히 수용할 수 있는 일이지만, 전혀 다른 문화를 가진 나라 또는 도시 사이에서 계층성에 따라 영향을 주고받을 때에는 반드시 갈등이 발생할 수밖에 없으니까요. 세계 도시의 기준이 경제 규모, 인구 규모를 넘어 따뜻한 지구촌을 만들기 위한 영향력을 요구하는 시기가 점차 다가오고 있음을 느낄 수 있는 현재입니다.

M사의 햄버거, C사의 탄산음료가 없는 곳이 세상에 존재할까요?

친구들과 함께 햄버거를 먹으러 갈 때 M사로 갈지, B사로 갈지 아니면 L사로 갈지 많이 고민될 거예요. 그리고 햄버거를 먹으러 가서도 C사의 콜라가 나오는지, P사의 콜라가 나오는지가 관심사죠. 이렇듯 우리의 일상에서는 전 세계 수많은 기업이 만들어 낸 제품을 소비하는 과정이 반복되고 있어요. 마찬가지로 우리나라의 S사 휴대전화를 사용하는 사람이 전 세계로 퍼져 있고, 해외여행을 갔을 때 우리나라 H사의 자동차를 어렵지 않게 볼 수 있는 이유도 전 세계 사람들의 일상이 모두 세계적인 기업의 영향을 받고 있다는 증거이죠. 세계

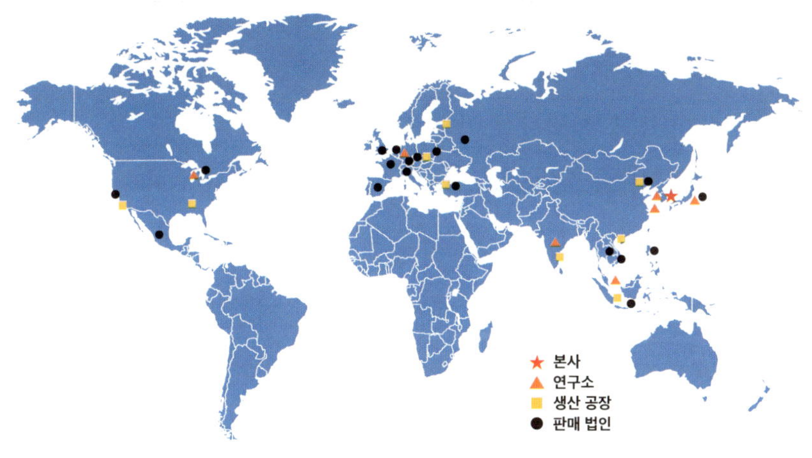

화로 인해서 서로 다른 장소에 있는 사람, 상품, 정보 등이 국가와 대륙을 넘어 자유롭게 이동하고 있어요. 이러한 흐름 속에서 기업은 더 많은 이익을 얻기 위해 노력합니다. 노동비가 많이 드는 과정은 노동비가 저렴한 개발 도상국에 공장을 세우고, 고급 정보나 고급 인력이 필요한 과정은 비용의 부담이 있더라도 세계 도시에 회사를 설립하죠. 즉, 생산 공장을 국내뿐만 아니라 국외에 설립하기도 하고, 디자인이나 마케팅 또는 신기술 개발과 같은 과정도 국내와 국외 모두에 시설을 설립해 운영해요. 이렇게 국가의 경계를 넘어 두 개 이상의 국가에서 경영 활동을 하는 기업을 '다국적 기업' 또는 '초국적 기업'이라고 불러요. 다국적 기업은 전 세계를 대상으로 경영 활동을 하는 기업으로, 대규모 다국적 기업의 경우 매출액이 국가의 국내 총생산^{GDP}과 맞먹을 정도로 규모가 거대한 것이 특징이에요. 미국의 W마트를 운영하는 다국적 기업의 매출액은 벨기에의 국내 총생산과 비슷할 정도예요.

　이렇듯 다국적 기업은 경영의 효율성을 높여 경쟁력을 확보하고 이윤을 극대화하기 위해 노력해요. 이런 노력의 결과가 바로 공간적 분업인데, 기업의 규모가 커지면서 기업의 기능이 공간적으로 분리되는 현상을 뜻하죠. 기업은 처음 자리 잡은 지역과 관계를 맺으며 성장해요. 기업의 초기 단계는 대부분 소규모 자본으로 운영되기 때문에 본사와 생산 공장이 통합된 단일 공장 기업에서 시작되지만, 이후 기업의 성장 과정에서 국경을 초월하여 해외 지역에 생산 공장과 영업 지점을 설립하며 초국적 기업으로 성장하죠. 기업에는 여러 가지 기능이 있는데 본사, 연구 및 개발 기능, 생산 기능 등이 한 곳에 있는 것이 아니라 세계의 다양한 지역에 분포하여 최소한의 생산비를 바탕으로 최대한의 이윤을 남기는 목적으로 공간적 분업이 이루어지고 있어요. 기업 운영에 가장 중심이 되는 본사는 대체로 본국의 수도 또는 대도시에 자리 잡고 있죠. 또 연구와 개발을 담당하는 연구소는 우수한 연구 인력을 확보할 수 있는 선진국의 주요 대도시나 유명한 대학 근처에 있는 것이 특징이에요. 마지막으로 생산 공장은 임금이 저렴하고 판매 시장이 넓은 개발 도상국에 주로 위치하고 있죠.

이처럼 다국적 기업은 효율적 운영을 통해 매출액이 높아졌지만 다국적 기업 때문에 다양한 문제가 나타나기도 해요. 그중 가장 큰 문제가 바로 공간적 불평등과 빈부 격차의 심화예요. 기업이 성장하는 과정에서 생산 공장이 개발 도상국에 자리 잡는다면 개발 도상국에 새로운 일자리가 생기고 경제가 활성화되어 지역이 발전할 수 있을 것 같지만, 실상은 꼭 그렇지만은 않아요. 개발 도상국에서 이루어지는 생산 활동은 대부분 경제적 가치가 높지 않고, 이곳에서 나온 이익 대부분은 본사가 있는 선진국으로 다시 이동하면서 실제 경제적 효과는 미미한 편이죠. 또 많은 매출을 올린 다국적 기업은 개발 도상국을 생산 공장 그 이상으로는 생각하지 않는 경향이 있어 재투자를 하지 않고, 지역 주민들의 삶의 질 향상을 위한 어떠한 투자도 하지 않아 오히려 선진국과 개발 도상국 간의 빈부 격차는 더 심하게 나타나고 있어요. 이보다 더 심각한 문제는 이런 다국적 기업의 활동에서 개발 도상국의 경제가 선진국의 다국적 기업에 의존하는 현상이 더욱 심화되는 거예요. 기업의 일방적인 결정에 따라 생산 공장이 폐쇄되거나 이동하면서 지역 경제가 한순간에 무너지는 경우도 종종 발생한다는 것이죠. 또 대규모의 자본을 바탕으로 성장하는 다국적 기업은 시장 개척을 위해 기존 시장에 뿌리내린 기업이나 본국의 상품과 경쟁하는 과정에서 문화의 획일화나 문화 소멸 현상 등을

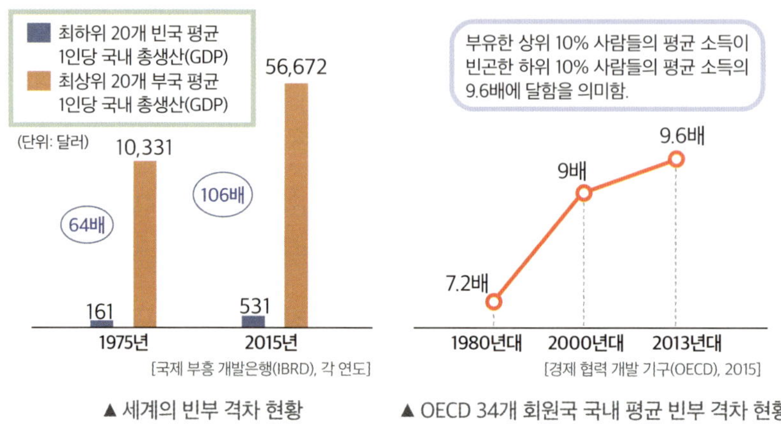

[국제 부흥 개발은행(IBRD), 각 연도]   [경제 협력 개발 기구(OECD), 2015]

▲ 세계의 빈부 격차 현황   ▲ OECD 34개 회원국 국내 평균 빈부 격차 현황

일으킬 수도 있어요. 이처럼 다국적 기업의 활동이 오히려 공간의 불균등 현상을 심화하는 경우가 많아 과연 세계화가 지구촌 모든 사람에게 좋은 일인지에 대해서 부정적인 생각을 하는 사람들이 늘어나고 있답니다.

이렇게 발생하는 공간적 불균등 현상을 해소하기 위해 우리는 개인의 행동이 세계 경제에 미치는 영향을 이해하고, 윤리적이고 책임감 있게 경제 활동에 참여할 필요가 있어요. 기업이 불균등 현상을 심화시키고 있지는 않은지, 개발 도상국에서 이윤만을 추구하며 노동력을 착취하거나 환경을 파괴하고 있지 않은지 확인하고 이를 통해 소비 활동에 주체적으로 참여하는 것이 필요해요. 우리의 윤리적 소비가 지구 반대편의 상품 생산자에게까지 긍정적인 영향을 끼쳐 공간적 불균등과 세계 경제의 문제를 해결할 수도 있기 때문이에요. 우리의 작은 실천이 어렵게 생계를 유지하고 있는 누군가에게 도움이 될 수 있고, 또 모두가 최소한의 인간다운 삶을 살아가는 데 도움이 될 수 있다는 것을 생각하며 기업의 활동에 최소한의 견제자 역할을 해야 하는 것이죠. 그것이 바로 기업과 지역 그리고 개인이 함께 성장할 수 있는 유일한 방법이니까요.

✔ **기억해요! 이 개념** | 다국적 기업이란 특정 나라에서만 활동하는 기업이 아닌 전 세계를 무대로 활동하는 기업을 의미해요. 기업으로서는 생산비를 줄이기 위해 인건비가 저렴한 개발 도상국에 공장을 세우고, 사람들이 많이 사는 도시에서 판매에 집중하는 것이 훨씬 효율적입니다.

왜 우리는 아침마다 뉴스에서
싸우는 이야기를 들어야 할까요?

아침에 일어나 뉴스를 보면 세계 곳곳에서 갈등이 발생하고, 전쟁을 하고 있다는 소식이 들립니다. 당장 우리에게 전쟁과 갈등은 낯선 일 같지만 우리 주변에서는 제법 오랫동안 지속된 갈등도 있고, 최근 몇 년간 급속도로 관계가 악화된 지역들도 있어요. 특히 요즘과 같이 전 세계가 상호 의존성이 높아지는 상황에선 세계 각국의 정치·사회·경제·문화 등 밀접한 교류를 이어 나가는 과정에서 갈등이 발생하기도 한답니다. 비록 현재의 우리는 냉전 시대[42]가 종식된 이후 가장 평화로운 시대에 살아가고 있다고 믿지만, 언제 다시 냉전 시대와 같

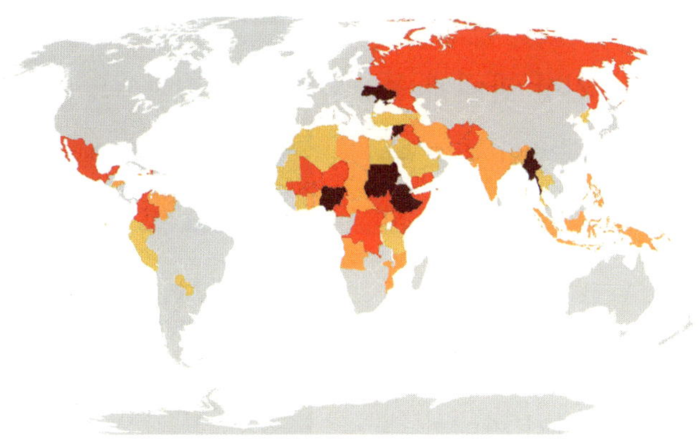

▲ 세계 무력 충돌 지역

은 갈등 속에서 살아가게 될지도 모른다는 불안감 또한 안고 있어요. 냉전 시대와 같이 세계적 규모의 갈등이 없을 뿐 여전히 작은 규모의 분쟁들이 세계 곳곳에서 일어나고 있기 때문이죠.

우리 주변에서 발생하는 분쟁의 원인은 간단하지 않아요. 친구와 다툼이 생겨도 그동안 있었던 수많은 일들이 엮여 최후에 표출되듯 지역이나 국가 간의 갈등 또한 다양한 원인이 복합적으로 작용하고 있죠. 그 대표적인 사례로 권력 갈등, 종교 갈등, 영토 분쟁, 자원 분쟁 그리고 민족^{인종} 갈등 등이 있어요. 2020년대 들어 가장 큰 이슈가 되었던 러시아와 우크라이나 사이의 전쟁에는 다양한 배경 요인이 있답니다. 이들 두 국

42) 제2차 세계 대전 이후 심화된 자본주의 진영과 공산주의 진영과의 대립.

가는 과거부터 꾸준히 갈등으로 인한 긴장 관계에 놓여 있었죠. 국가의 주요 수입원이 천연가스 수출인 러시아는 우크라이나를 거쳐야만 자신들이 채굴한 천연가스를 유럽까지 판매할 수 있었어요. 세계 경제의 흐름에 따라 천연가스의 가격

이 상승하자 러시아의 가스 송유관이 지나는 우크라이나에서는 가스 통과료를 인상해 달라고 요구하면서 갈등이 시작되었죠. 2014년에 우크라이나 영토였던 크림반도가 러시아에 합병되는 사태가 일어났고, 이에 2019년 우크라이나가 평소 러시아와 적대적 관계에 있는 북대서양 조약 기구^{NATO 43)}에 가입하려는 움직임을 보였어요. 위기를 느낀 러시아가 이를 저지하려는 과정에서 전쟁이 발발했죠. 두 국가의 전쟁 사이에는 자원, 영토 그리고 권력과 정치 갈등이 내포되어 있는 거예요. 또 세계적인 쟁점이 되는 이스라엘-팔레스타인 분쟁은 겉으로는 영토 전쟁같이 보이지만 실제로는 종교 갈등이 주를 이

---

43) 서유럽 지역의 집단 안전 보장 기구로 미국, 영국, 튀르키예, 그리스, 독일, 캐나다 등이 회원국으로 가입해 있음.

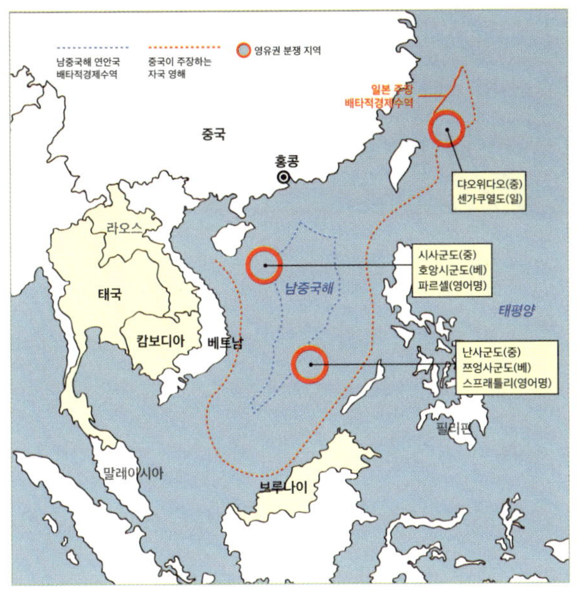

루고 있어요.

우리 주변의 남중국해에서도 많은 나라가 갈등을 겪고 있습니다. 중국, 타이완, 베트남, 필리핀, 말레이시아, 브루나이 등 6개국이 남중국해의 해양 관할권과 영유권을 주장하면서 빚어진 갈등이죠. 남중국해에는 많은 양의 석유와 천연가스가 매장되어 있다고 추정하고 있으며, 세계의 해양 물류 약 25% 이상이 남중국해를 지나 수송이 이루어지고 있어 그 가치가 매우 높다고 볼 수 있어요. 또 러시아와 일본 사이에서는 하나의 영토에 대한 영유권을 주장하며 분쟁이 일어나고 있는데 남쿠릴 열도 북방 영토 분쟁이 그 사례이죠.

유럽으로 넘어가면 분리-독립의 움직임으로 인한 갈등이 국가 내에서 일어나고 있어요. 대표적으로 에스파냐의 카탈루냐 지방은 에스파냐 전체 GDP의 약 25%를 차지할 만큼 높은 경제력을 가진 곳이지만, 에스파냐와 민족 그리고 언어 등이 달라 오래전부터 분리 독립을 요구하고 있어요. 여기에 에스파냐 북부의 바스크주에서도 분리주의 운동이 일어나 에스파냐는 무려 두 지역에서 분리 독립을 요구하는 갈등에 직면해 있죠. 또 영국의 스코틀랜드, 이탈리아의 남부 지역-북부 지역이 서로 분리되거나 독립된 국가를 이루기 위해 분쟁을 일으키는 등 곳곳에서 다양한 갈등이 일어나고 있답니다.

평화를 지키는 일은 인류의 보편적 가치와 가장 맞닿아 있는 소중한 일이에요. 국제 사회에서 발생하는 다양한 분쟁과 갈등이 지속되면서 많은 사람들이 고통을 받고 있고, 이는 인

간다운 삶을 살아야 한다는 인류의 보편적 가치에 반하는 것이죠. 국제 사회는 이런 갈등들을 해결하고 협력의 관계로 나아가기 위해 노력하고 있답니다. 주권을 가진 국가들로 구성된 국제기구는 세계의 평화 유지와 경제 및 사회적 협력을 도모하기 위해 활동하고 있어요. 구체적으로 국가 간의 이해관계를 조정하거나 분쟁을 중재하며, 국제 사회에서 공통으로 준수해야 할 규범을 만드는 등의 노력을 하고 있죠. 이러한 활동을 하는 대표적인 국제기구로는 국제 연합^{UN}, 세계 보건 기구^{WHO} 등이 있습니다. 하지만 국제기구의 노력이 있더라도 개별 국가의 노력이 없으면 갈등을 해결하고 평화를 이뤄낼 수 없어요. 국가는 자국의 이익을 추구하는 과정에서 다른 국가와 경쟁할 수 있지만, 다른 국가와 분쟁이 발생하면 해당 국가와 합의하거나 협약을 맺는 등의 외교적 해결 방법을 위해 노력해야 해요. 이 외에도 개인이나 민간단체로 구성된 조직인 비정부 기구는 개별 국가의 이해관계에 얽매이지 않고 인권, 보건, 환경 등 인류 공통 문제를 해결하기 위해 노력하고 있죠.

하지만 세계 평화를 지켜 내고 갈등을 해결해 나가기 위해서는 세계시민으로서 한 개인의 노력이 무엇보다 절실히 필요해요. 자신의 존재나 정체성에 대해 개인이 살고 있는 사회나 국가를 뛰어넘어 전 세계적인 차원에서 이해해야 하죠. 또 다양한 갈등과 분쟁에 관해 관심을 가지고 이를 해결하고자 적극적으로 노력하고 목소리를 낼 수 있는 용기도 있어야 해요. 한 개인의 작은 목소리가 인종이나 민족 간 갈등, 종교 갈등, 영토 분쟁 등을 해결하는 데 그 시작점이 된다는 점을 잊어서는 안 돼요. 우리가 이러한 문제에 관심을 가지는 것 자체가 이 문제를 해결하는 데 매우 중요한 역할이 될 수 있으니까요.

세계 곳곳에선 지금도 권력 갈등, 민족(인종) 갈등, 종교 갈등 등으로 분쟁이 일어나고 있습니다. 하지만 이런 분쟁은 단 하나의 이유 때문이라기보다는 여러 가지 원인이 복잡하게 얽혀 있어 해결하기가 쉽지 않은 상황이죠.

인구가 두 배로 늘어나는 데 127년이 걸렸지만, 이제는 48년이면 가능해요

○ 인구 성장

2022년 세계의 인구가 80억 명을 넘어서던 날, 사람들은 미래 사회에 대한 걱정에 빠졌어요. 산업 혁명을 기점으로 급속히 증가한 인구가 2070년에는 무려 103억 명에 이를 것으로 예측되었기 때문이죠. 무엇이든 수용할 수 있는 범위 내에서 적절한 수가 존재할 때 그것이 지속 가능한데, 지금 이 상태로는 많은 문제가 발생할 것이 너무나도 명확했죠. 지금으로부터 200년도 전인 1800년에 세계의 인구는 10억 명을 조금 넘었지만, 그로부터 127년 후인 1927년에는 인구가 두 배 이상 늘어 20억 명을 넘어섰죠. 그리고 그 시기부터 다시 인구가 두

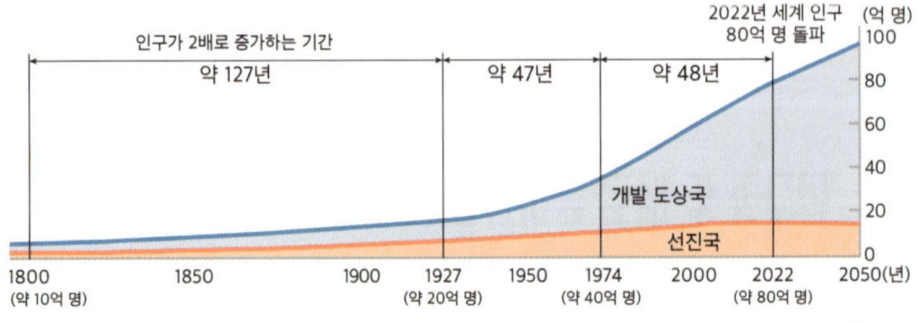

▲ 세계 인구 성장 추이

배가 되는 데 걸린 시간은 47년에 불과했고, 1974년을 기준으로 다시 인구가 두 배 늘어 80억 명을 돌파하는 데 걸린 시간은 약 48년이었어요. 단순히 인구가 두 배 늘어났다는 것보다 인구가 10억 명에서 20억 명으로, 20억 명에서 40억 명으로, 40억 명에서 80억 명으로 많이 늘어났다는 것이 우리에게 큰 숙제를 안겨 주고 있죠.

인구란 특정한 시점에 일정 지역에 사는 사람의 수를 의미해요. 전 세계의 인구, 한 국가의 인구 그리고 한 지역의 인구 등 다양한 방법으로 인구를 구분할 수 있어요. 인구는 증가하기도 하고 감소하기도 하는데, 그러한 요인을 크게 자연적 요인과 사회적 요인으로 나눌 수 있어요. 자연적 요인은 단순히 사람이 새로 태어나는 출생이나 사람이 죽는 사망과 같은 요인이에요. 인위적으로 조정하기가 쉽지 않고 시대와 사회 환경에 따라 차이가 크게 나죠. 사회적 요인은 이전 거주지에서 새 거주지로 사람이 옮겨 오는 전입, 이전 거주지에서 새 거주지로 옮겨 가는 전출로 구분할 수 있어요. 과거에 인구의 증가와 감소가 자연적 요인에 큰 영향을 받았다면 현재는 사회적 요인에 의해 인구가 많은 지역과 적은 지역이 나누어지기도 해요.

이러한 인구 증가의 요인과 더불어 산업화가 본격적으로 시작된 18세기부터 세계 인구는 급속도로 성장했어요. 산업 혁명을 통해 생활 환경이 개선되고 의료 기술이 발달했기 때문이죠. 또 경제가 성장함에 따라 위생이나 보건 등의 문제도 해결되어 평균 수명이 늘어나고 사망률이 낮아지면서 인구가 빠르게 증가했어요. 산업화가 일찍 일어난 일부 선진국의 경우 18세기 말부터 20세기 초까지 인구가 빠르게 늘어났으나, 20세기 중반 이후부터는 출생률이 낮아지면서 인구가 더 이상 늘지 않거나 오히려 감소하는 현상이 나타나기도 해요. 선진국의 인구가 정체되거나 감소하고 있는 상황에서 세계 인구의 폭발적인 증가를 일으키는 곳은 바로 산업화가 비교적 늦게 시작된 개발 도상국이에요. 개발 도상국은 20세기 중반부터 빠르게 인구가 증가했고, 지금도 세계 인구 증가에 큰 부분을 차지할 만큼 가파른 인구 성장을 보여 주고 있어요. 이들 국가의 특징은 뒤늦은 산업화로 인해 의료와 보건, 생활 환경이 개선되면서 사망률이 낮아졌지만 선진국과 다르게 높은 출생률은 유지되고 있다는 거예요. 따라서 앞으로의 인구 성장은 아시아와 아프리카, 중앙 및 남아메리카 등지의 개발 도상국에서 끌어 나갈 것으로 예상돼요.

그렇다면 세계는 어떻게 전 세계 인구의 변화를 예측하고 대륙별, 국가별 인구 성장을 미리 짐작할 수 있을까요? 그 이유는 바로 인구 성장과 감소에는 특정한 패턴이 있기 때문이에요. 전 세계 모든 국가에 이 패턴이 적용될 순 없겠지만, 대체로 이 패턴에 따라 인구의 변화가 일어나고 있어 현재 해당 국가가 어디쯤 위치하는지에 따라 앞으로의 인구 변화를 생각해 볼 수 있어요. 우리는 이러한 패턴을 '인구 변천 모형'이라고 합니다.

총 1단계에서 5단계까지의 인구 변화를 나타내는데, 출생률과 사망률의 변화를 바탕으로 인구 성장 단계를 표현하고

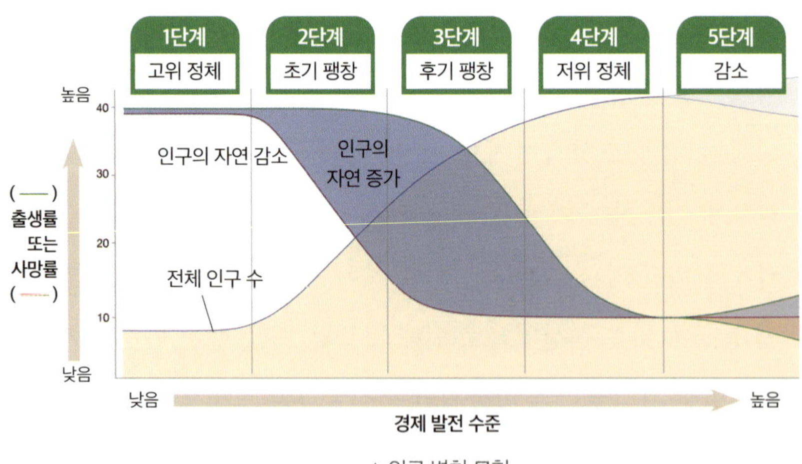

▲ 인구 변천 모형

있어요. 1단계에서는 출생률이 매우 높지만 기근과 지병 등으로 사망률도 높아 태어나는 인구만큼 사망하는 인구가 많아요. 예를 들어 100명의 사람이 태어나지만 99명의 사람이 기근, 질병, 자연재해로 사망하기 때문에 실제로 늘어나는 인구는 고작 1에 불과하죠. 1단계는 산업화 이전 농경 사회에서 주로 볼 수 있는 패턴으로, 현재에도 일부 개발 도상국에서는 1단계의 인구 성장 패턴을 보이기도 해요. 2단계로 넘어오면 산업화로 인해 기술이 발전하고 위생 및 보건 상태가 좋아지면서 사망률이 급격히 낮아져요. 단, 출생률은 그대로 유지되기 때문에 이때를 초기 팽창 또는 제1차 인구의 폭발적 증가 시기라고 하죠. 여전히 100명의 사람이 태어나고 있지만 사망률이 떨어지면서 인구가 늘어나는 시기예요. 산업화를 막 시작한 일부 개발 도상국이 이 시기에 해당해요. 3단계는 사망률이 급속도로 낮아지는 것을 넘어 사망률이 매우 낮은 상태를 유지하는데, 이때는 출생률 또한 일부 감소하게 돼요. 산업화 이후 경제가 성장함에 따라 여성의 사회 진출이 활발해지고 국가에서 추진하는 출산 억제 정책, 결혼과 출산에 대한 가치관 변화 등에 따라 출생률이 빠르게 감소하는 시기이죠. 과거 100명이 태어나던 시기보다 많이 줄어 이제는 80명, 70명이 태어나고 있지만 사망률은 아직 낮게 유지돼요. 이 시기에도 2단계와 마찬가지로 인구 성장이 뚜렷해 제2차 인구의 폭발적 증가 시기로 볼 수 있답니다. 하지만 인구 성장은 3단계가 거의 막바지이기 때문에 후기 팽창 단계라고도 불러요. 4단계로 넘어가면 출생률과 사망률 모두 낮은 상태가 됩니다. 1단계와 마찬가지로 인구가 증가하기 어려운 상황으로, 인구가 정체되는 것을 넘어 태어나는 사람의 수는 적은데 사망률이 낮아서 인구의 고령화 현상이 심각한 사회 문제로 대두돼요. 현재 많은 선진국이 4단계에 속해 있고 앞으로 인구 정체를 넘어 감소까지 이어질 수 있어 긴장하고 있는 상황이죠. 마지막 5단계는 출생률이 사망률보다 낮아지면서 실질적으로 인구가 감소하는 단계입니다.

인구의 증가와 감소에 대해서는 어느 정도 예측 가능하지만 앞으로의 사회 변화에 대해서는 예측하기 어렵기 때문에 정부는 인구 정책 수립에 많은 어려움을 겪고 있어요. 불과 30~40년 전에는 아이를 그만 낳으라고 했지만 지금은 아이를 낳아 달라고 부탁하고 있는 상황이니까요. 세계화 시대는 우리나라뿐만 아니라 세계 인구의 증가와 감소에 대해 자세히 분석하고, 이를 바탕으로 더 건강한 지구를 만들 필요가 있답니다.

드넓은 지구 속에 사람들은 왜
특정한 곳에만 모여 있고, 모일까요?

2024년 기준 세계에서 인구가 가장 많은 국가인 인도는 약 14억 5천만 명, 중국은 14억 1천만 명으로 전 세계 인구의 약 1/3이 인도와 중국 두 국가에 살고 있어요. 그뿐만 아니라 세계 인구 대국 10위권 내의 아시아 국가는 중국, 인도, 인도네시아, 파키스탄, 방글라데시로 무려 전 세계 인구의 절반이나 차지하고 있답니다. 지구의 면적이 얼마나 넓은데 왜 이렇게 특정 국가와 대륙에 많은 인구가 밀집되어 있을까요? 하나의 국가 내에서도 면적의 크기와 상관없이 왜 특정 지역에 사람들이 모여 살까요?

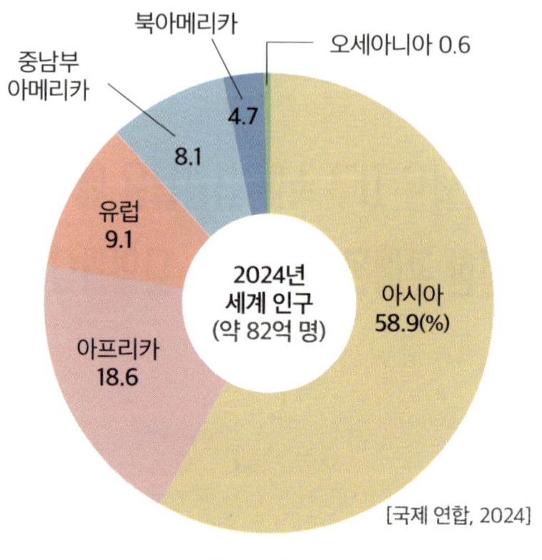

▲ 대륙별 인구 분포

인구 분포는 기본적으로 기후, 지형 등의 자연환경이 큰 영향을 받아요. 특히 기후가 온화하고 토양이 비옥한 곳은 사람들이 생활하기 좋아서 인구가 밀집되어 있죠. 대표적으로 온대 및 냉대 기후 지역과 평야 지대나 해안 지역이 인간이 거주하기에 유리해 과거부터 많은 인구가 살고 있어요. 특히 동아시아나 동남아시아 그리고 남아시아 지역은 많은 인구를 먹여 살릴 수 있는 벼농사가 가능한 지역을 중심으로 인구가 밀집되어 있어요. 세계에서 가장 많은 인구를 가진 국가들 대부분이 바로 이러한 조건을 가지고 있어 현재에도 인구가 계속 늘고 있죠. 또 전통적인 농업 방식으로 벼농사를 짓는 동남아시아의 경우 아직 기계화가 진행되지 못해 여전히 많은 노동력이 필요한데, 가족의 수 그 자체가 농사를 지을 수 있는 노동력이자 재산이 되기 때문에 여전히 높은 출생률을 보이기도 합니다. 반대로 비가 너무 적게 와서 농사를 짓기 힘들고 사람이 살기 힘든 건조 기후 지역이나 날씨가 너무 추운 한대 기후 지역 그리고 일 년 내내 고온 다습해 거주 조건이 까다로운 열대 기후 지역은 과거에도 현재에도 인구가 많이 분포하지 않는 지역이에요. 기후뿐만 아니라 산지가 발달한 곳이나 고원도 인간이 거주하기에는 불리함이 많아 과거부터 인구가 희박했어요. 과거 농업 중심 사회에서는 먹고사는 문제가 가장 중요했기 때문에 사람들이 먹을 것을 구하기 쉽고, 먹을 것을 많이 생산해 낼 수 있는 지역으로 몰렸어요. 자연스럽게 사람들이 몰리면서 도시가 만들어지고, 밀집된 인구끼리 서로 경쟁하는 과정에서 기술이 발달했죠. 지금도 인구가 많은 대도시인 곳이 많아요. 하지만 최근에는 과학 기술의 발달로 인해 과거만큼의 자연적 요인이 큰 영향을 끼치지 않고 오히려 산업, 교통, 문화, 교육 등과 같은 사회적·경제적 요인이 인구 분포에 많은 영향을 끼치고 있어요. 과거처럼 본인이 농사를 짓고 그것을 먹고 살아야 하는 것이 아니라, 자신만의 전문적인 직업을 가지고 돈을 벌고 그 돈으로 타인이 지은 농산품을 구매하면 되기 때문이죠. 이런 현상과 더불어 세계화가 진행되면서 국가 간의 인구 이동 또한 자유로워졌고, 인구의 국제 이동까지 늘어나는 추세입니다. 한 국가뿐만 아니라 세계를 기준으로 보아도 교통과 산업이 발달하고 문화 시설과 교육 여건이 잘 갖추어진 대도시와 선진국 중심으로 인구가 밀집하게 되는 것이죠.

그렇다면 세부적으로 인구 집단의 연령과 성별에 따라 어떤 구조를 이루고 있는지 한 번 살펴볼까요? 인구 구조는 인구의 성별, 연령별 구성을 피라미드 모양으로 나타낸 그래프입니다. 특히 한 국가나 지역의 인구 구조만 보더라도 그 지역의 인구 문제를 파악할 수 있고, 향후 인구 변화도 예측할 수 있죠. 인구 구조는 기본적으로 국가의 경제나 정치 상황에 따라 큰 차이를 보여 줘요.

일반적으로 개발 도상국의 경우 출생률과 사망률이 높은 상황에서 유소년층0~14세의 인구는 많고, 노년층65세 이상의 인구가 적은 전형적인 피라미드형 인구 구조가 나타나요. 이 지역의 경우 인구가 너무 많아서 문제가 될 수 있고, 앞으로도 인구가 계속 증가할 것이라고 예측할 수 있어요. 또한 유소년 인구가 많고 노년층 인구가 적기 때문에 중위 연령44)이 낮게 나타나 국가 또는 지역 전체 인구의 평균 연령이 낮다는 것도 알 수 있죠. 반면 선진국은 낮은 출생률로 인해 유소년층의 인구는 적

---

44) 전체 인구를 연령순으로 일렬로 세웠을 때 한 가운데 있는 사람의 나이.

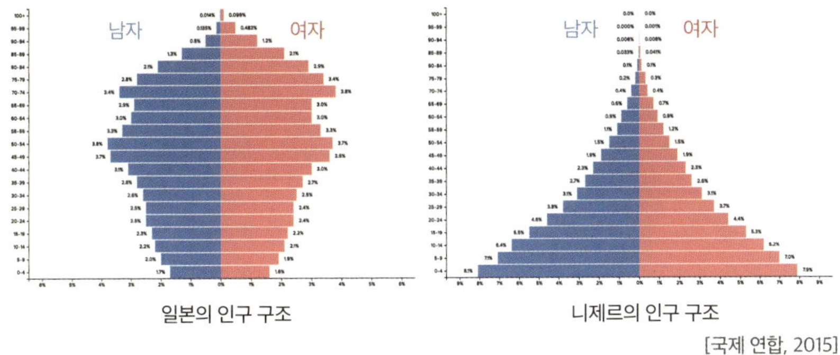

▲ 선진국(왼쪽)과 개발 도상국(오른쪽)의 인구 구조

고, 평균 수명의 증가에 따른 낮은 사망률로 노년층의 인구가 늘어나는 역피라미드형, 또는 종 모양의 종형 인구 구조가 나타나요. 이 경우에는 출생률 감소로 인해 앞으로 인구가 감소할 것이라는 예측이 가능함과 동시에 생산 가능한 인구인 청장년층15~64세이 줄어들어 국가 경제에 악영향을 끼치는 문제가 발생할 수도 있다고 생각할 수 있죠. 이뿐만 아니라 중위 연령의 상승으로 노인 인구를 부양해야 하는 부담이 늘어나 세대 간의 갈등이 발생하는 심각한 상황에 직면할 수도 있어요.

이렇듯 인구 구조를 통해 앞으로의 인구 변화를 예측하거나 발생할 수 있는 문제를 알 수 있고, 지역의 특징을 기준으로 인구 구조를 예측하는 것도 가능해요. 대체로 농업 중심의 1차 산업이 발달한 농촌 지역은 유소년층의 인구가 적고 노년층이 많은 인구 구조가 나타나죠. 또 공업과 서비스업이 발달한 2·3

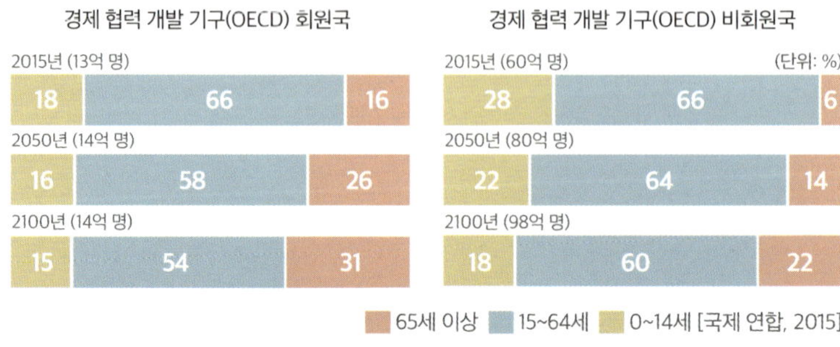

▲ 경제 협력 개발 기구 회원국과 비회원국의 나이층별 인구 구조 변화

차 산업 중심의 도시 지역에서는 유소년층과 청장년층의 인구가 많은 반면, 노년층의 인구 비율은 낮은 편이에요. 마지막으로 인구 구조는 성비를 통해서도 알아볼 수 있는데, 성비란 국가 또는 지역의 여자 인구를 100으로 계산한 뒤 남자의 수를 나타낸 것을 의미해요. 즉, 성비가 100이 넘으면 여자보다 남자가 많은 지역이라고 볼 수 있고, 성비가 100보다 적으면 남자보다 여자가 많은 지역이에요. 주로 노동 강도가 높은 중화학 공업이나 지하자원을 채굴하는 광업이 발달한 곳은 성비가 100을 넘고, 기계보다 사람이 일을 많이 하는 경공업 도시나 관광이 발달한 지역은 성비가 100보다 적은 현상이 나타나죠.

인구의 분포와 구조 그리고 성비 등을 통해 지역 인구의 특징을 알아보고 향후 발생할 수 있는 다양한 문제를 예측한다는 점에서 인구는 우리에게 매우 중요한 정보를 제공한다고 볼 수 있어요. 어떤 문제에 직면하여 그 문제를 수습하기보다는 문제가 발생하기 전 인구의 변화를 유심히 살펴보며 미리 미래에 대한 준비를 한다면, 지금보다는 훨씬 더 나은 사회를 만들고 살아갈 수 있을 겁니다.

사람이 많이 태어나는 게 문제일까요,
적게 태어나는 게 문제일까요?

◉ 인구 문제

축구 경기장만한 크기의 두 나라가 있습니다. A 나라에는 1,000명이 살고 있고, B 나라에는 300명이 살고 있어요. 여러분이 생각했을 때 A 나라와 B 나라 중 어디가 더 살기 좋을까요? 그렇게 생각하는 이유는 무엇인가요?

단순히 사람이 얼마나 많이 살고, 적게 사느냐를 두고 살기 좋은 곳인지 아닌지는 알 수 없어요. A 나라는 경제적, 자연환경적으로 살기 좋은 조건이라 인구가 많지만, 한편으론 좁은 면적에 너무 많은 사람이 살다 보니 집값도 비싸고 교통 체증도 심하고 일자리도 구하기 어려운 단점이 있을 수 있죠. B 나라 같은 경우에는 자연적, 사회적 조건이 좋지 않아 인구가 많이 없지만 집값이 싸고 사람들 간에 경쟁이 심하지 않아 삶의 만족도는 더 높을 수 있어요. 분명한 것은 A 나라는 여전히 많은 사람이 이동해 오고 많은 사람이 태어나고 있는 반면, B 나라에는 태어나는 사람도 적고 이동해 오는 사람도 적다는 점이에요. 두 나라 모두 각자의 문제점이 있다는 뜻이죠.

인구로 인해 발생하는 다양한 문제는 인구 이동에서도 발생합니다. 사람들은 경제와 정치, 종교나 자연재해 등의 다양한 이유로 인해 자신이 살던 곳을 떠나 새로운 지역으로 이동해요. 과거에는 한 나라 안에서만 이동했다면 현재에는 국경을 넘어 다른 나라로 이동하는 사례도 많죠. 과거에는 유럽 사람들이 식민지를 개척하거나 종교적 이유로 이동을 많이 했다면, 현재에는 경제적으로 어려운 나라 사람들이 선진국으로

이동하는 경우가 많아요. 경제적 요인으로 인한 이동은 살고 있는 지역과 이동하려는 지역의 경제 격차에 따라 발생해요. 이 경우 개발 도상국에서 선진국으로 이동하는 사례가 대부분이죠. 반면 자신이 원하지 않지만 어쩔 수 없이 이동해야 하는 경우도 발생하는데, 이런 사람들을 우리는 '난민'이라고 부릅니다. 난민이란 전쟁, 박해, 기근, 자연재해 등으로 인해 다른 지역으로 이동하는 사람을 뜻해요. 주로 경제적 요인보다는 정치적 요인으로 인해 이동하는 사례로, 이들 또한 자신이 살고 있는 곳보다 삶의 조건이 좋은 주변 선진국으로 이동하는 경우가 대부분이죠. 선진국은 경제적 요인이든 정치적 요인이든 계속해서 사람들이 이동해 오고 있어 인구의 흡입 요인이 강하게 나타난다고 할 수 있어요. 일자리가 풍부하고 임금이 높으며 쾌적한 환경을 갖춘 것들이 대표적인 흡입 요인 중 하나이죠. 반면 개발 도상국이나 정치적으로 불안정한 국가에서는 사람들이 빠져나가는 배출 요인이 강하게 나타나요. 낮은 임금, 빈곤, 종교나 정치적 억압, 자연재해 등의 요인이 인구를 배출하는 요인이랍니다.

인구의 이동은 한 국가 내에서도 다양한 인구 문제를 발생시키고 있어요. 너무 많이 태어나도 문제이지만 태어나는 인구가 너무 적은 저출산 현상이 나타나면 미래 사회에 대한 전망이 어두워지죠. 반대로 너무 많은 사람이 죽는 것도 문제이

지만 고령 인구가 늘어난다는 것 자체가 사회적 부담을 증가시켜 각종 갈등을 유발하기도 해요. 주로 선진국을 중심으로 저출산이나 고령화 현상이 나타나죠. 우선 산업화 이후 결혼과 자녀에 대한 가치관이 변화하고 여성의 사회 진출이 활발해지면서 저출산 현상이 자연스럽게 나타나요. 또 의학 기술이 발달하고 생활 수준이 향상되어 평균 수명이 늘어남과 동시에 고령화 현상도 나타나죠. 단순히 보았을 땐 경제적으로 더욱 풍요로워지고 평균 수명이 늘어나 장점이 많은 것처럼 보일 수 있지만 실상은 꼭 그렇지만은 않아요. 저출산과 고령화 현상이 심화하면 일을 하고 세금을 낼 수 있는 생산 가능 연령15~64세 인구가 자연스럽게 줄어들게 됩니다. 생산 가능 연령의 인구가 줄어들면 생산성이 감소하고, 이는 경제 침체로 이어지죠. 경제적 기반이 탄탄하게 받쳐 줘야 국가가 발전하고 국민들의 삶의 수준을 높일 수 있는데, 저출산과 고령화로 인해 경제적 기반 자체가 무너지게 되는 거예요. 이렇게 되면 사회적으로 보호받아야 할 사람들이 제대로 보호받지 못하고, 또 이들을 보호하는 데 힘을 보태야 하는 사람들이 부담을 느껴 결국 세대 갈등 문제로도 이어질 수 있어요.

반대로 개발 도상국에서는 본격적인 산업화가 이루어지는 과정에서 인구가 너무 많은, 인구 과잉 현상이 나타나고 있어요. 이 경우에도 경제가 성장하는 속도보다 인구가 증가하는 속도가 빨라 결국 충분한 보호를 받지 못하는 사람들이 발생해요. 또 급속한 산업화로 인해 농촌을 떠나 도시로 향하는 사람들이 늘어나면서 농촌에는 인구가 너무 적어서 문제가 생기지만, 도시에서는 수용할 수 있는 인구를 넘어서는 문제가 발생하죠. 이 경우 도시에서는 주택이 부족해 집값이 올라가 사람들의 부담이 늘어나고 도로, 병원, 학교 등의 사회 기반 시설도 부족해져 삶의 질이 떨어져요. 일부 개발 도상국에서는 인구 증가의 속도가 식량을 생산하는 속도보다 빨라 식량이나 식수가 부족해져 기아와 빈곤 문제가 발생하기도 하죠. 즉, 사람이 너무 많이 태어나도 문제, 너무 태어나지 않아도 문제이기 때문에 전 세계가 인구 문제로 골머리를 앓고 있답니다.

그렇다면 국가마다 이러한 문제를 해결하기 위해서 어떤 노력을 하고 있을까요? 저출산 문제를 해결하기 위해 아이를 많이 낳을 수 있는 적극적인 정책들이 추진되고 있어요. 아이가 태어났을 때 금전적인 지원을 해주거나, 출산 휴가나 육아 휴직 등의 정책도 추진되고 있죠. 하지만 이러한 출산 장려 정책이 아직은 큰 효과를 거두지 못하고 있어요. 그래서 출산 외에 신혼부부에게 주택 구매의 비용을 분담해 준다거나 일자리를 충분히 제공해 경제적 부담을 줄여 주는 등의 정책도 저출산 대책으로 시행하고 있답니다. 한편 고령 인구가 늘어나고 있는 현상을 해결하기 위해 노년층의 일자리를 충분히 마련해 주는 실버산업이 발달하고 있고, 신체적으로 건강한 사람들이 더욱 오래 일을 할 수 있도록 정년을 연장하는 등의 정책적 기반도 마련하고 있어요. 반대로 인구 과잉 현상을 겪고 있는 개발 도상국은 식량 생산을 늘려 사람들이 빈곤이나 기근을 겪지 않도록 노력하고 있으며, 출생률을 낮추기 위한 산아 제한 정책도 함께 추진하고 있죠. 이뿐만 아니라 도시에 사람들이 너무 많이 몰리는 현상을 해결하기 위해 농촌 지역의 환경을 정비하거나 대도시 외에 중소 도시를 성장시키는 정책도 운용하고

있답니다.

　하지만 정부의 이런 노력에도 불구하고 여전히 이 문제들이 해결되지 않는 상황이기에 개인의 노력도 요구되고 있어요. 결혼을 통해 가족의 형성과 자녀 출산이라는 소중함을 느낄 수 있도록 가치관의 변화가 필요하고, 세대 간 갈등을 일으키기보다는 노년층의 경험이나 삶의 지혜를 존중하고 함께 살아갈 수 있는 환경을 조성하기 위한 노력이 필요합니다. 사회 문제를 해결하기 위해서는 국가적, 사회적 차원의 노력도 중요하지만 개인의 노력이 함께해야 진정한 효과를 얻고 문제를 해결할 수 있어요. 인구 문제에 대해 나와 관련 없다는 생각보단, 우리 사회를 조금 더 건강하게 하기 위해 나 자신부터 노력해야 한다는 마음을 가지는 것이 중요한 시기입니다.

지나치게 많은 인구가 지구에 살면 각종 환경 문제, 주택 부족, 식량 문제 등이 발생할 수 있습니다. 반대로 사람이 너무 적게 태어나면 노년층을 부양할 수 있는 인구가 줄어들면서 세대 갈등이나 세금 문제 등이 발생하기도 하죠.

50년 전 석유는 지금처럼 인간의 삶에 꼭 필요한 존재였을까요?

　치약과 향수, 초콜릿과 바닐라 아이스크림 그리고 알약에 공동으로 들어가는 원료가 무엇일까요? 바로 석유입니다. 우리는 흔히 자동차나 비행기 등의 연료로만 석유가 활용된다고 알고 있지만 실제로 석유는 이 외에도 우리 삶의 많은 부분에 영향을 끼치고 있어요. 석유가 발견된 초기에는 상처 치료나 발열을 해소하는 해열제 등 만병통치약처럼 이용되기도 했답니다. 그렇다면 석유가 사라지면 어떻게 될까요? 우선 자동차나 비행기 등 이동 수단이 멈추게 되면서 사람이나 물건의 이동이 어려워질 거예요. 또 농사를 짓는 데 사용하는 여러 기계

의 연료가 없으니 농산물의 생산이 거의 불가능해지죠. 인간의 삶에서 가장 기본적인 먹는 것과 이동하는 것이 마비되면서 우리는 지구가 오래 버티지 못하고 망하는 모습을 볼지도 몰라요. 처음 석유가 발견되었을 때는 단순히 만병통치약처럼 여겨졌는데, 어떻게 지금의 석유는 인류를 멸망시킬 수도 있는 존재로 성장하게 된 것일까요? 석유가 변해서일까요? 아니면 우리가 발전시킨 과학 기술 때문일까요?

자원이 가진 특징 중에 '가변성'이 있어요. 가변성이란 일정한 조건에서 변할 수 있는 성질이라는 뜻으로, 자원의 가치가 고정되어 있지 않고 과학 기술의 발달로 인해 언제든지 변할 수 있다는 거예요. 앞서 말한 석유처럼 자원의 가치는 언제든지 변할 수 있다는 거죠. 자원은 또 석유처럼 특정한 곳에 집중

적으로 매장되어 있는 '편재성'의 특징을 가지기도 해요. 편재
성은 한 곳에 치우쳐 있는 성질을 말하죠. 산소나 태양열은 어
디에서나 구할 수 있는 자원이지만 석유는 많은 나라에는 많
고, 없는 나라에선 아예 없으니까요.

마지막으로 자원은 한계가 있다는 성질을 뜻하는 '유한성'
이 있습니다. 자원의 매장량이 무한하지 않고 언젠가는 고갈
이 될 수 있기 때문이죠. 영원할 것 같은 태양이나 바람도 언젠
가는 사라질 수 있으니까요. 그렇다면 우리는 무엇을 자원이
라고 부를까요? 자원이란 자연에서 얻을 수 있는 것 중 인간의
삶에 도움을 줄 수 있고, 기술적·경제적 활용 가치가 있는 것
을 말해요. 즉, 석유와 석탄, 천연가스와 같은 에너지 자원뿐만
아니라 철이나 구리와 같은 금속 광물 그리고 고령토와 석회
석 같은 비금속 광물이 모두 자원에 속하죠. 이 중 에너지 자원
은 현재 우리의 삶에 끼치는 영향이나 향후 인류의 미래를 결
정하는 데 매우 중요한 역할을 하고 있답니다. 앞서 말한 것처
럼 다른 자원에 비해 편재성이 심하고 유한하며, 우리의 삶에
너무나 직접적인 영향을 끼치고 있기 때문이죠.

에너지 자원을 우리는 다른 말로 '화석 에너지'라고도 부릅
니다. 그 이유는 지구의 오랜 역사 동안 식물과 동물 등이 땅에
쌓이고, 그 땅에 열과 압력이 가해지면서 만들어진 자원이기
때문이죠. 에너지 자원은 아주 오래전부터 우리 삶에 영향을

끼쳤다기보다는 과학 기술이 본격적으로 발전하면서부터 인간의 삶과 연결되기 시작했어요. 즉, 전 세계적으로 인구가 증가하고 경제가 발전하면서 자연스럽게 에너지 자원에 대한 소비도 늘어난 것이죠. 석탄은 인류가 처음으로 활용한 에너지 자원으로 다른 에너지 자원에 비해서 비교적 많은 국가와 지역에서 생산되고 있어요. 그래서 다른 자원보다는 국제 이동량이 상대적으로 적은 편이죠. 18세기 산업 혁명 때 증기 기관의 발명에 따라 본격적으로 활용되기 시작했고, 현재에는 제철 산업과 같은 산업 분야나 화력 발전을 통한 전력 생산을 위해 쓰이고 있어요. 한편 석유는 천연가스와 함께 편재성이 매우 큰 자원으로 국제 이동량이 많은 특징이 있어요. 전 세계 매장량 중 절반 가까이가 서남아시아 페르시아만 주변에 분포해 있죠. 석유는 산업 혁명 이후 19세기 내연 기관의 발명으로 자동차가 본격적으로 보급되기 시작하면서 자원으로서 가치가 상승했답니다. 현재는 자동차, 비행기 등 교통수단뿐만 아니라 화학적 공정 과정을 거쳐 섬유, 고무 그리고 우리가

먹는 음식에도 활용되고 있죠. 또 하나의 에너지 자원인 천연 가스는 주로 석유와 함께 매장되어 있는 경우가 많아 석유와 마찬가지로 편재성이 크고 국제 이동량이 많은 자원이에요. 석탄이나 석유보다 사용되는 과정에서 오염 물질의 배출량이 적어 에너지 자원 중에는 상대적으로 청정 자원에 속하죠. 하지만 다른 자원과 다르게 기체 상태인 천연가스를 이동시키기에 어려움이 있어 크게 활용되지 못했어요. 이후 기체를 액체로 상태 변화를 시켜 이동할 수 있는 냉동 액화 기술이 발달하면서 천연가스의 국제 이동이 활발해졌고, 현재에는 가정용이나 상업용 등으로 많이 활용되고 있죠.

에너지 자원은 우리 삶에서 떼려야 뗄 수 없을 정도로 중요하지만, 이를 사용하면서 발생하는 문제도 심각한 편입니다. 천연가스는 상대적으로 오염 물질 배출이 적지만, 화석 연료는 사용 과성에서 온실기스인 이산화 타소가 배출돼요. 이산화 탄소는 태양에서 보내는 에너지는 통과시키지만 지구가 방출하는 에너지를 막아 지구 온난화를 일으키는 주요 원인으로 지목되고 있죠. 또 석유와 천연가스는 일부 지역에만 많은 양이 매장되어 있어 자원을 보유한 국가가 자국의 경제적·정치적 이익을 위해 자원을 무기로 활용하는 자원 민족주의[45]가 발생하

---

45) 천연자원은 이를 생산해 내는 국가의 것이라고 인식하려는 사상.

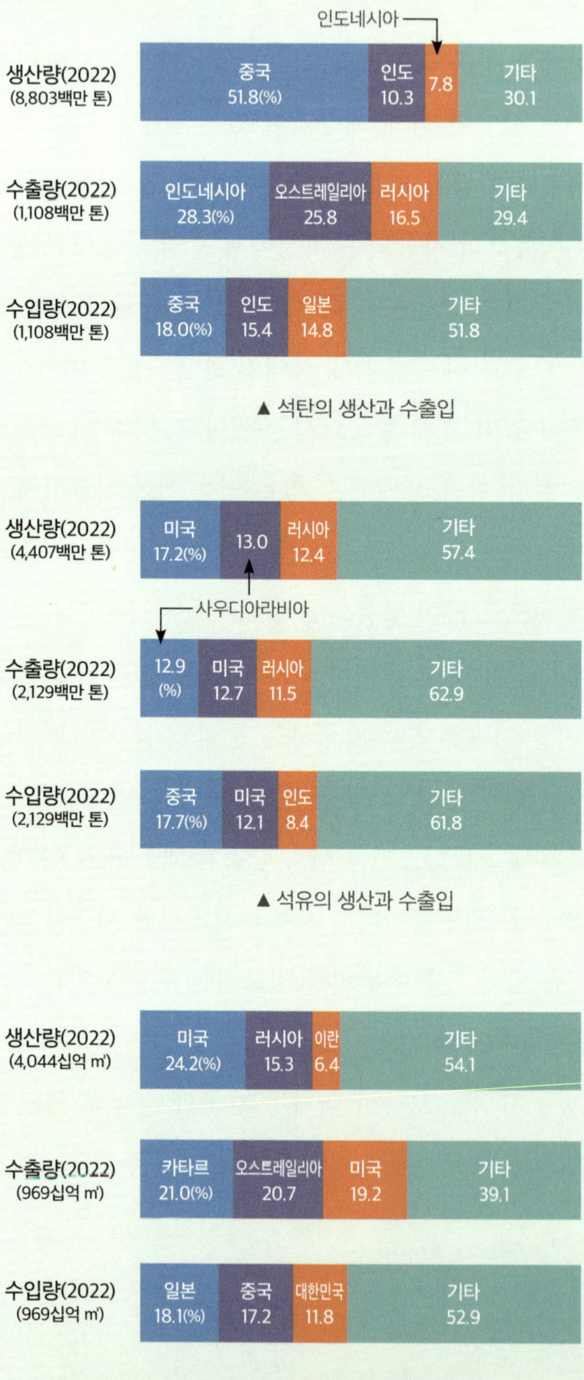

▲ 석탄의 생산과 수출입

▲ 석유의 생산과 수출입

▲ 천연가스의 생산과 수출입

기도 한답니다. 1970년대에 발생한 두 차례의 오일 쇼크가 바로 자원 민족주의로 인해 자원의 해외 의존도가 높은 국가들에 경제적으로 큰 어려움을 준 사건이에요. 또한 자원 고갈 문제가 전 지구적 차원에서 문제가 되고 있고, 국가 간 경제 차이로 인해 발생하는 에너지 소비 격차도 빈부의 격차로 이어져 다양한 갈등을 만들어 내기도 하죠.

에너지 자원이 가지는 편재성과 유한성을 해결하기 위해 우리는 신·재생 에너지를 개발하고 보급하고 있어요. 기존의 화석 에너지를 변환하여 이용하는 신에너지와 재생이 가능한 재생 에너지를 통해 자원을 안정적으로 확보하고 지구 온난화 등의 환경 문제를 해결할 수 있죠. 바람을 이용해 전력을 생산하는 풍력이나, 식물이나 미생물 등을 열분해하거나 발효시켜 에너지를 생산하는 바이오 에너지가 그 대표적인 사례예요. 하지만 이러한 기술 발전보다 중요한 것은 우리가 에너지를 절약하는 것이죠. 한 명 한 명의 노력이 합쳐져 10억, 50억 명의 노력으로 이어진다면 지금 우리가 직면하고 있는 각종 자원 문제를 해결하는 데 큰 도움이 될 수 있을 거예요.

✔ **기억해요! 이 개념** | 자원은 넓은 의미로 인간의 삶에 도움이 되는 모든 것을 말하지만, 좁은 의미로는 채굴할 수 있는 기술과 경제성이 있는 것을 의미합니다. 자원은 시대의 변화와 과학 기술의 발전 정도에 따라 의미가 바뀔 수 있기 때문에 가변성을 가지고 있죠.

교실 온도가 내려가는 만큼,
바깥 온도는 올라간답니다

화석 에너지 문제

에어컨 없이 무더운 여름을 나는 것과 히터 없이 추운 겨울을 지내는 것을 상상할 수 있나요? 여름은 더 더워지고, 겨울은 더 추워지고 있어서 냉난방 기구의 사용도 자연스럽게 늘어나고 있죠. 당장은 실내가 시원하고 따뜻해서 괜찮은 것 같지만, 실제로 우리가 냉난방기를 사용하는 만큼 바깥의 온도는 더 높아지고 더 내려가기 때문에 실내와 실외는 작은 벽 하나를 두고 치열한 기후 변화 전쟁이 일어나고 있는 상황이에요. 이 상황은 지구 온난화를 야기하고 있고, 이 지구 온난화는 우리에게 여름과 겨울에만 피해를 주는 것이 아니에요. 많은

210

비가 내리는 집중 호우를 증가시키고, 여름과 가을철 우리나라에 영향을 주는 태풍의 강도를 키우기도 하죠. 또 봄과 가을에 극단적 가뭄이 발생해 물 부족으로 큰 문제를 겪게도 한답니다. 즉, 자연은 인간처럼 모든 기능이 연결된 생태계를 이루고 있어 하나에 문제가 생겼을 경우 다른 어딘가에 또 다른 문제를 유발할 수 있어요.

오늘날 전 세계에서 가장 큰 문젯거리는 바로 기후 변화입니다. 지구의 평균 온도가 변화하는 것을 말하는데, 과거 산업화 이전에는 자연적 요인으로 인한 기후 변화가 주를 이루었다면, 현재 우리가 살고있는 시대에는 인간으로 인한 인위적 요인으로 인한 기후 변화가 뚜렷하게 나타나고 있어요. 기후 변화를 일으키는 자연적 요인은 태양 에너지가 지구로 많이 전해지거나 적게 전해지는 등의 태양 활동 변화와 태양과 지

구의 거리가 가까워지거나 멀어지는 태양과 지구의 위치 변화 등이 있어요. 또 드물게 대규모 화산 활동이 일어날 때 일시적으로 지구의 기후가 변화하기도 해요. 인위적 요인으로는 사람들이 석유, 석탄, 천연가스 등의 화석 연료를 사용함에 따라 대기 중으로 방출되는 온실가스의 양이 증가하는 것이 있어요. 온실가스는 지구의 온도를 따뜻하게 하는, 온실효과를 일으키는 가스를 말해요.

이 온실가스가 온실의 유리와 같은 역할을 해 태양 에너지를 흡수하지만 지구가 방출하는 에너지는 막아 버려 지구 전체가 마치 온실에 갇힌 것처럼 기온이 올라가게 되는 거죠. 특히 산업 혁명 이후부터 지금까지 무분별한 화석 연료 사용으로 인해 대기 중으로 방출되는 온실가스의 배출량이 급격히 늘어나면서 기후 변화는 더욱 극단적으로 일어나고 있어요. 이에 따라 세계 곳곳에서는 가뭄과 홍수, 산불, 폭설, 무더위와 한파 등의 기상 이변이 발생하고 있죠. 단순히 기상 변화를 넘어 지구의 기온이 올라가면서 남극이나 북극과 같은 극지방과 고산 지대에 있는 빙하가 녹아 바다의 해수면이 상승하는 현상을 동시에 유발하고 있답니다. 해수면 상승으로 인해 해안 지역이나 지대가 낮은 섬 지역은 바다에 잠기는 문제가 발생하고 있고, 이는 결국 사람이 살고 있는 삶의 터전을 조금씩 잃어 간다는 것을 의미해요. 온실가스는 과거 산업화를 일찍 시작한 미국, 유럽, 일본 등 선진국 중심으로 많이 배출되었어요. 하지만 최근에는 중국과 인도 등 경제 개발에 박차를 가하는 개발 도상국 중심으로 온실가스 배출량이 늘어나면서 지구는 이제 필요 이상의 온실가스로 뒤덮여 있는 상황이 되어버렸답니다.

　이런 기후 변화를 해결하고 건강한 지구로 되돌리기 위한 노력은 시간이 지나면서 점차 강하게 나타나고 있어요. 기후 변화 문제는 하나의 지역이나 국가에만 국한되는 문제가 아니라 전 세계에 공통으로 적용되는 문제이기 때문에 전 세계적인 연대와 협력이 필요하죠. 그래서 세계의 여러 국가들이 이 문제를 해결하기 위해 다양한 노력을 하고 있답니다. 1997년 일부 국가의 정상들이 일본 교토에 모여 실질적인 온실가스 감축을 위한 기후 변화 협약을 체결했어요. 이것을 '교토 의정

서'라고 하고, 이런 노력은 2015년 '파리 협정'까지 이어지게 돼요.

교토 의정서에서는 온실가스 배출 거래권 제도를 도입하는 데 합의했어요. 이 제도는 온실가스 배출을 줄여야 하는 국가들에 온실가스를 배출할 수 있는 할당량을 설정하고, 초과 배출을 할 경우 다른 국가로부터 가스 배출 할당량을 구매할 수 있게 한 제도예요. 물론 여기에는 배출량이 남는 국가가 다른 국가에 그것을 파는 것이 허용돼요. 이를 통해 개발 도상국은 온실가스 배출 할당량을 팔아 경제적 이익을 얻을 수 있고, 선진국은 자신들에게 주어진 할당량을 넘지 않도록 온실가스 사용을 줄이는 효과가 발생할 것으로 예상했어요. 하지만 강제적 조항이 아닌 단순 권고 사항에 불과했기 때문에 실제로 온실가스 배출이 거래되거나 사용량이 줄어드는 일은 거의 없었죠. 그래서 2015년에 선진국과 개발 도상국 모두가 참여해 파리 협정을 채택하게 된 거예요. 파리 협정은 지구 온난화를 방지하기 위해 모든 당사국들이 온실가스를 줄이기로 합의한 전 지구적 협의라는 점에서 의미가 있어요. 무려 세계 195개국이 참여해 지구 온난화와 기후 변화의 심각성에 대해 공유하고, 그 해결책을 마련하기 위해 머리를 맞댄 거죠. 그만큼 지구 온난화나 기후 변화를 지구에 있는 모든 국가가 적극적으로 참여했을 때 해결될 수 있는 문제로 인식한 거예요. 이 외에 국제

기구도 기후 변화의 해
결책을 내놓기 위해 노
력하고 있는데, 유럽 연
합EU에서는 탄소 국경
조정 제도CBAM를 시행
하고 있답니다. 탄소 국
경 조정 제도는 유럽 연

합 밖에 있는 국가나 기업에서 철강, 전기, 시멘트 등 6개 품목
을 유럽 연합 내에 있는 국가로 판매할 때 생산 과정에서 나오
는 탄소 배출량을 추정해 이를 세금으로 부과하는 정책이에
요. 즉, 유럽 연합에 철강, 전기, 시멘트 등의 품목을 판매하기
위해서는 탄소 배출량을 줄여야 세금을 적게 내고 가격 경쟁
력이 생기게 되는 것이죠. 또 비정부 기구인 그린피스Greenpeace
46)나 세계 자연 기금WWF 47) 등에서도 기후 변화를 해결하려고
노력하고 있어요.

하지만 무엇보다 중요한 것은 개인의 기후 변화 심각성에
대한 인식입니다. 국가나 국제기구 차원의 문제로 생각하고
개인이 노력하지 않는다면 기후 변화는 결코 해결될 수 없기
때문이죠. 각 개인이 온실가스 배출량을 줄이기 위해 노력하

---

46) 핵무기 반대와 환경 보호를 목표로 국제적 활동을 벌이고 있는 단체.
47) World Wide Fund. 국제적으로 야생 생물을 보호하고 연구하기 위하여 만든 기금.

고 그 힘이 합쳐지면 결국 지역이나 국가 차원의 힘이 발생할 수 있게 돼요. '나 하나쯤이야.'라는 생각을 버리고, 건강한 지구와 미래 세대에게 깨끗하고 맑은 환경을 전해 주기 위해 그 어느 때보다 개인의 노력이 필요한 시기입니다.

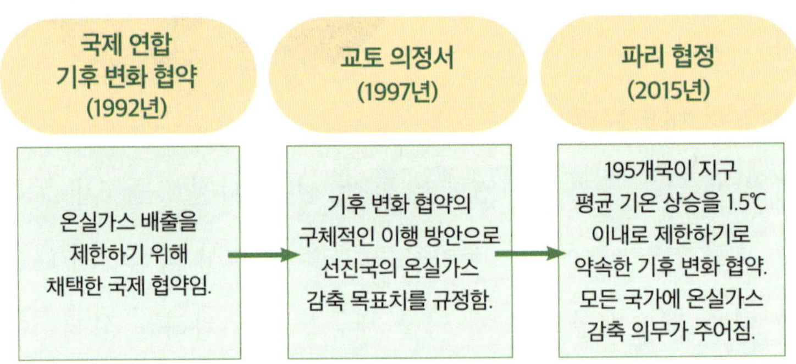

▲ 기후 변화 대응을 위한 국제 사회의 노력

✔ **기억해요! 이 개념** | 우리가 사용하는 화석 연료는 연소하는 과정에서 이산화 탄소를 배출하는데, 이 이산화 탄소는 태양이 보내는 에너지는 통과시키지만 지구가 방출하는 에너지는 막아 지구가 마치 온실에 있는 것과 같은 효과를 만들어 냅니다. 우리는 이를 '지구 온난화' 또는 '온실 효과'라고 부르죠.

이제는 세계시민으로 사는 삶을
준비해야 하는 시간이에요

● 세계시민

불과 20년 전, 책상 아래에 놓인 큰 컴퓨터 앞에서만 일을 하고 여가를 즐기던 사람들은 손바닥만한 컴퓨터가 생길 것이라고는 상상도 하지 못했어요. 불과 10년 전까지는 운전하는 사람이 없는데 목적지까지 데려다주는 자율 주행 기술이 나온다는 것은 몇백 년 뒤에나 일어날 상상 속의 세상이었죠. 그렇다면 앞으로 5년, 10년 뒤에 우리는 어떤 삶을 살고 있을까요? 아마 여러분이 상상하는 그 이상 또는 상상도 못 했던 것들이 우리 삶에 영향을 끼치고 우리 삶을 지배하고 있을지 모릅니다. 이처럼 우리는 과학 기술의 빠른 발전 덕분에 앞으로 예측하거나 미리 대처하기 어려운 상황에 직면할 수도 있을 거예요. 생각하지 못했던 문제들이 생겼을 때 바로 처리하기에는 그만큼 위험 부담이 크겠죠. 이에 우리는 현재 발달된 기술을 최대한 활용하여 미래 사회를 예측하기 위해 노력해야 하며, 또 현재 직면한 문제가 미래에 어떤 문제로 이어질지에 대해서도 미리 대비해야 해요.

하지만 미래를 완벽하게 이해하고 예측하는 것은 어려워요. 다가올 변화를 어느 정도 생각하며 준비할 뿐이죠. 여기에 필요한 학문이 바로 '미래학'이에요. 미래학은 단순히 미래를 예견하는 일에 그치는 것이 아니라 과거나 현재 상황을 바탕으로 미래 사회를 예측하는 학문으로, 앞으로 우리가 살아가야 하는 시대에 매우 중요한 학문으로 자리 잡을 수 있어요. 하지만 이러한 예측은 말 그대로 예측에 불과하기 때문에 전폭적인 믿음을 가지는 것은 위험할 수 있죠. 다만 다양한 미래학자들이 연구한 자료를 바탕으로 발전 방향을 찾는 것이 무엇보다 중요하답니다.

기술의 발전은 예측하기 어렵지만 미래 사회의 정치, 경제, 환경 등의 변화는 예측할 수 있는 범위 안에 있어요. 과거와 현재의 변화 정도를 보면 앞으로 어떻게 변화가 될지 짐작할 수 있으니까요. 지금과 같은 경제 체제에서 자유 무역이 더욱 확대되면 국가 간 경쟁이 더욱 치열해지고, 그 과정에서 선진국

과 개발 도상국 또는 대기업과 중소기업의 빈부 격차가 더욱 커지는 것은 누구나 생각할 수 있는 일이죠. 또 이러한 빈부 격차로 인해 발생하는 다양한 갈등은 사회적으로 혼란을 일으키고 인류의 보편적 가치를 무너뜨릴 수도 있어요. 이를 위해 현재보다 더욱 강한 국가 간 협력 시스템을 구축하고, 국가 간 협정이나 조약 등을 체결하여 갈등을 예방하고 해결하기 위한 노력이 필요해요. 또 자원 고갈이나 지구 온난화에 따른 기후 변화, 열대림 파괴, 사막화 등에 대한 문제를 해결하기 위해서도 국가 간 협의체를 통해 공동의 약속을 만들고 지키는 등의 노력이 지금보다 더 높은 수준으로 진행되어야 하죠.

한 개인의 존재는 가족이라는 작은 사회 속에서 성장하고, 그 과정에서 이웃이나 지역 사회로 영향력을 끼치게 돼요. 그리고 어느 시점에는 한 국가의 국민, 또 우리 인류의 시민이 되고 인류 속의 '나'라는 세계시민으로서 성장을 이루게 되죠. 세계시민이란 과거 한 지역이나 국가에서 생활하는 것을 뛰어넘어 전 세계에 영향력을 끼치고 의사결정에 참여하는 가장 넓은 의미의 사회 구성원이라고 생각하면 됩니다. 즉, 지구촌의 다양한 문화와 가치를 존중하고, 지구 구성원들의 이해와 협력을 추구하는 한 개인이라는 뜻이죠. 그렇다면 앞으로 세계시민으로서의 우리는 어떤 삶을 살아야 할까요?

우선 한 개인 또는 개별 집단의 이익을 넘어 인류 전체의 이익을 우선시하는 세계시민 의식을 함양하는 것이 필요합니다. 앞에 나왔던 다양한 사회 문제를 해결하기 위해 지구촌의 구성원으로서 사회 정의와 형평성을 목표로 책임감 있게 행동하는 것이 필요하죠. 이 과정에서 국가나 사회 조직의 일에 참여하여 기후 변화, 전염병, 국제 테러, 난민 문제 등을 해결하기 위해 노력해야 해요. 또 고도화된 세계화 속에서 다양한 문화적 배경을 가진 사람들을 존중하는 태도를 갖추는 것도 매우 중요하죠. 우리가 당연하게 생각하는 것이 다른 문화적 배경을 가진 사람에게는 아닐 수 있고, 또 우리가 잘못된 것으로 판단하는 것을 누군가는 옳은 것으로 판단할 수 있기 때문이에요. 이때는 비판 없이 타문화를 이해하거나 존중하는 것이 아니라 인류의 보편적 가치를 중시하며 서로 이해하고 좋은 방향으로 끌어 나가는 태도를 함양하는 것이 필요하죠. 하지만 세계시민으로서 갖추어야 할 역량 중 가장 중요한 것은 바로 지속 가능한 발전에 관심을 가지고 적극적으로 참여하는 거예요. 미래 세대가 사용할 자원이나 깨끗한 환경을 낭비하거나 훼손하지 않으면서 현재 세대의 필요를 충족할 수 있는 방법을 찾고, 그에 필요한 노력을 기울여야 해요. 작은 행동이지만 대중교통을 이용하는 등 친환경적 생활 습관을 실천하고, 윤리적 소비를 위해 공정 무역 제품을 구매하는 행동 자체가 지구촌의 구성원으로서 지속 가능한 발전을 이루는 데 기여할 수 있는 방법이랍니다.

인공지능의 발전으로 수많은 직업이 사라질 것이라고 예상

하지만 한편으로는 새로운 직업들도 많이 생길 거예요. 앞으로 여러분이 살아갈 세상에 어떤 직업이 사라지고 어떤 직업이 새로 생길지는 예측하기 어렵지만, 자신의 흥미와 특기를 바탕으로 한 분야의 전문가가 되어 능동적인 세계시민의 역할을 다할 수 있다면 여러분 개인의 발전뿐만 아니라 우리 사회, 더 나아가 우리 지구가 더 나은 곳으로 변화할 수 있을 거예요. 이제 여러분의 무대는 세계가 될 테니, 여러분은 세계시민으로서의 삶을 준비해야 합니다.

✔ **기억해요! 이 개념** | 세계시민이란 세계를 구성하는 한 명의 시민으로서 한 나라에만 영향을 끼치는 것이 아닌 전 세계를 무대로 활동하며 영향을 끼치는 사람을 말합니다. 세계화 시대에 우리 삶의 무대는 더 이상 하나의 나라가 아닌 전 지구촌, 즉 전 세계라는 사실을 잊어선 안 돼요!

지리를 알면 세계가 보인다
지리로 통하는 세계

초판 1쇄 인쇄 2025년 9월 3일
초판 1쇄 발행 2025년 9월 12일

지은이 박동한
발행인 박효상
편집장 김현   **기획·편집** 장경희, 오혜순, 이한경, 박지행
디자인 임정현   **마케팅** 이태호, 이전희   **관리** 김태옥
교정·교열 진행 김주은   **표지·내지 디자인** Moon-C design   **삽화** 이희연

종이 월드페이퍼   **인쇄·제본** 예림인쇄·바인딩
출판등록 제10-1835호   **펴낸 곳** 사람in
주소 04034 서울시 마포구 양화로11길 14-10(서교동) 3F
전화 02) 338-3555(代)   **팩스** 02) 338-3545
E-mail saramin@netsgo.com   **Website** www.saramin.com

책값은 뒤표지에 있습니다. 파본은 바꾸어 드립니다.

© 박동한 2025

ISBN 979-11-7101-185-8 44980
        979-11-7101-184-1 (세트)

우아한 지적만보, 기민한 실사구시 **사람in**